과학은?

이덕환

김웅서   장순근

김성호   **과학은?**   권오길,

이들이 얘기하는 과학이란

지성사

책을 출간하며

저는 과학책을 만듭니다. 정확히 말하면 제작자입니다. 글을 다듬는 편집자가 아니고, 책 표지나 내지를 보기 좋게 꾸미는 디자이너도 아닙니다. 아주 단순한 일을 하는 관리자인 셈이죠.

책을 만들다 보니 아는 것이 많이 부족할 뿐 아니라 일상적으로 쓰는 말들의 개념 또한 정확히 알지 못하는 것이 많더군요. '과학'도 그중 하나입니다. 사실 그동안 '과학'이라는 말을 자주 접해 왔고, 실제로 많은 이들이 '과학이란 무엇인가'에 답해 왔습니다. 따라서 같은 질문을 반복한다는 것이 전혀 신선하지 않을 뿐 아니라 답하는 사람 입장에서도 새로울 것이 없었습니다. 그럼에도 이 책을 기획한 데는 이유가 있습니다. 제가 만드는 책들이 대부분 된장 냄새 나는 우리 과학책이어서 그런지, 외국 석학들이 아닌 토종 과학자들의 입을 통해 답을 듣고 싶었습니다. 이들은 과학에 대해 어떻게 얘기할지 궁금했습니다.

그래서 평소 제가 존경하던 과학자 10여 분께 "과학이 뭔가요?"라는 질문에 뭐라 답하겠는지 물었습니다. 의외로 많은 분이 답하기 어려워 하셔서 이 책에는 다섯 분의 글만 실었습니다 (권오길 교수의 글은 앞서 출간한『꿈꾸는 달팽이』에 실린 원고로 대신 했음을 밝힙니다). 원고 분량이 너무 적으면 책 꼴로 만들기에 어려움이 있는 터라 무리를 해서라도 더 많은 원고를 실을까 생각하기도 했지만, 그보다는 적게나마 본래 의도한 대로 완성된 원고들만 가지고 마무리하는 게 옳다고 판단했습니다. 그래서 책을 아주 작게 만들었습니다.

책만 작게 만든 것이 아니라 담긴 이야기도 소박합니다. 이 시대를 살아가는 과학자 다섯 분이 개성 있는 과학 이야기를 써 주셨는데, 각각의 글 속에는 그들의 솔직한 생각과 생활이 담겨 있습니다. 저는 이를 애써 매만지지 않고 투박하게 독자들 앞에 내놓습니다. 왜냐하면 있는 그대로의 과학 이야기를 들려 드리고 싶었기 때문입니다.

저는 늘 할 수 있는 한 쉽게 풀어쓴 과학책을 만들고자 합니다. 하지만 과학이라는 주제의 무게로 볼 때 이를 너무 쉽게 여길

수는 없는 노릇이고, 그렇다고 해서 너무 어려우니 굳이 알 필요
없다고 치부할 수도 없는 노릇입니다. 다만 양 극단에서 과학에
대한 인상을 왜곡시키기보다는 과학 그 자체를 바라보는 이야기
를 담고 싶었습니다. 있는 그대로의 과학을 보여 줄 때 더 많은
청소년들이 과학을 매개로 한 꿈을 꾸리라고 생각합니다. 그것
이 과학자든 연구원이든 교사든 말입니다. 이 책을 통해 과학에
대한 꿈을 갖게 하는 것, 그게 제 바람입니다.

지성사 대표 이원중

차례

세상과 소통하는 과학자

'세상 이치를 꿰뚫고 있는 과학자' '비과학적 요소와 타협하지 않는 과학자' '세상과 소통하고 학문의 융합을 꾀하는 과학자' '우리 사회에 큰 문제가 닥칠 때마다 대안을 제시하는 과학자' 라는 숱한 정의가 어울리는 과학자입니다.

과학은 세상을 보는 눈

이덕환 교수는 서울대학교 화학과에서 공부하고, 미국 코넬대학교 화학과에서 박사학위를 받았습니다. 지금은 서강대학교 화학과와 과학커뮤니케이션 협동과정 교수로 있습니다.

글쓴이의 책들로는 『그림으로 보는 분자세계와 대칭성』(한국경제신문, 1996; 번역서), 『같기도 하고 아니 같기도 하고』(까치, 1996; 번역서), 『확실성의 종말: 시간, 카오스 그리고 자연법칙』(사이언스북스, 1997; 번역서), 『셜록 홈스의 과학 미스테리』(까치, 1999; 번역서), 『녹색화학: 더 푸른 지구를 위한 새로운 패러다임』(한승, 2000; 번역서), 『먹거리의 역사』(까치, 2002; 번역서), 『산소』(자유아카데미, 2002; 번역서), 『볼츠만의 원자』(승산, 2003; 번역서), 『거의 모든 것의 역사』(까치, 2004; 번역서), 『새로운 우주』(까치, 2005; 번역서), 『아인슈타인: 삶과 우주』(까치, 2007; 번역서), 『물리학으로 보는 사회』(까치, 2008; 번역서), 『그림으로 보는 거의 모든 것의 역사』(까치, 2009; 번역서), 『춤추는 술고래의 수학 이야기』(까치, 2009; 번역서), 『거인들의 힘과 생각』(까치, 2010; 번역서), 『강아지도 배우는 물리학의 즐거움』(까치, 2011; 번역서), 『사이언스 토크토크』(프로네시스, 2012; e-book) 등이 있습니다.

　　우리는 자연의 정체와 작동 원리를 체계적으로 정리한 과학을 통해 우리가 삶의 터전으로 삼은 자연이 무엇으로 이루어져 있고, 어떻게 작동하는지 이해한다. 과학은 우리가 누구이고, 어디에서 왔으며, 어떻게 살고 있는지 이해하는 데도 필수적이다. 이는 세상에 대한 우리의 인식이 자연에 대한 과학 지식의 수준에 따라 변해 왔다는 뜻이기도 하다. 과학이 일반화되지 못한 시절, 자연은 신비한 숭배의 대상이거나 극복할 수 없는 공포의 대상이었다. 그러나 과학이 발전하면서 자연에 대한 인식이 달라졌고, 삶의 모습도 몰라보게 변했다. 이제 자연은 더 이상 공포와 두려움의 대상이 아니다. 자연의 진정한 장엄함과 신비로움을 정확히 이해할 수 있게 되었고, 그런 자연과 더불어 조화로운 삶을 살아가는 지혜도 얻게 되었다. 진정한 의미의 친환경적 삶을 강조할 수 있게 된 것도 과학이라는 '눈'을 통해 우리 자신과 자연의 정체를 정확히 파악하게 되었기 때문이다.

우주관의 변화

우리는 밤하늘을 가득 채운 헤아릴 수 없이 많은 별들의 반짝임에서 우주의 광활함과 신비함을 느낀다. 그러나 별빛을 통해 우주의 정체를 정확히 밝히는 것은 결코 쉬운 일이 아니었다. 눈으로 볼 수 있는 우주는 지극히 제한되어 있기 때문이다. 우리가 한곳에 서서 맨눈으로 볼 수 있는 별은 고작 2000여 개에 지나지 않는다. 지구 전역에서 맨눈으로 관찰할 수 있는 별을 모두 합쳐도 8000여 개를 겨우 넘을 뿐이다. 게다가 7개의 천체, 즉 태양, 달, 수성, 금성, 화성, 목성, 토성을 제외한 모든 별들은 상대적으로 일정한 관계를 유지하며 동쪽에서 떠올라 서쪽으로 지는 단조로운 모습을 보인다. 따라서 과거에는 눈으로 볼 수 있는 붙박이별, 즉 항성恒星들의 배열이 달라지는 데서 계절의 변화를 짐작할 수 있을 뿐이었다.

이렇듯 제한된 관찰을 통해 얻은 결론은 단순했다. 우리가 우주의 중심에 있고, 밤하늘에 반짝이는 별들과 7개의 천체가 붙어 있는 천구天球가 동쪽에서 서쪽으로 회전한다고 믿었다. 천구의 바깥쪽에는 신神과 정령들이 사는 천상의 세상이 존재하고, 땅속에는 마귀와 악귀들이 사는 지하의 세상이 존재한다고 믿었다. 신의 뜻에 따라 윤리적인 삶을 실천한 이들은 사후死後에 천상의 천국으로 올라가고, 그렇지 못한 이들은 지하의 지옥이나 연옥으로 떨어진다는 가르침을 이용해 막강한 권력을 휘두르기도 했다.

하늘에서 독특한 움직임을 보이는 7개의 천체로부터 우주를 지배하는 장엄한 섭리攝理를 추측하기도 했다. 만물은 불火, 물水, 나무木, 쇠金, 흙土으로 만들어졌으며, 세상은 음陰과 양陽의 기운으로 이루어져 있다는 동양의 음양오행설도 그중 하나다. 음과 양의 정확한 정체를 알 수 없고, 자연을 구성한다는 5가지 재료가 단일 성분이 아니라는 사실은 문제가 되지 않았다. 고대의 물질관은 분명한 근거를 갖지 않은데다 완전하지 못했지만, 자연과 우주의 변화뿐 아니라 인체를 지배하는 근본 원리로 인식되었고 심지어 삶을 살아가는 방법을 결정하는 윤리와 철학의 기초가 되기도 했다. 고대의 우주관에서는 우주와 자연을 하나의 통합된 대상으로 보았고, 인간은 그런 자연과 조화를 이루며 살아야 하는 운명을 지닌 것으로 보았다.

우리가 우주의 중심이라는 천동설天動說은 그리스도교를 비롯한 종교의 교리와도 잘 맞아떨어졌다. 사회 인식이나 종교 교리에 들어맞는다면 관측이 실제로 얼마나 정확하고 객관적이냐는 크게 문제 되지 않았다. 밤하늘의 별에 대한 천문 관측을 근거로 계절을 알아내는 과학 지식은 종교 축일을 결정하는 데도 유용했다. 천문 관측으로 만든 달력은 비교적 최근까지 절대 왕권이나 종교계의 특권을 유지하는 데 중요한 역할을 했다.

우리가 우주의 중심에 있다는 순진한 착각을 바로잡을 수 있었던 것은 망원경으로 하늘에 있는 7개 천체의 움직임을 분석한 16세기 과학자의 노력 덕분이었다. 이는 단순히 우리가 태양 주위를 공전하는, 조금 특별하기는 하지만 유일하지는 않은 행성 '지구'에 살고 있다는 사실을 알아내는 데 그친 것이 아니다. 반짝이는 별들의 모습을 옮겨 놓은 천문도에 온갖 신화를 담아서 지배 논리를 확산시키는 도구로 활용하던 과거의 천문학도 완전히 달라졌다.

오늘날 우리는 밤하늘의 별에서 137억 년에 이르는 장구한 우주의 역사를 읽어 낸다. 수억 년 전에 탄생하던 별과 은하의 모습은 물론이고, 온갖 풍상을 겪은 후 캄캄한 우주 공간으로 흩어져 가는 별과 은하의 모습도 관찰한다. 역사책에도 남아 있는 화려한 초신성超新星 폭발이 우리를 살아 움직이게 하는 무거운 원소를 만들어 내는 신비한 우주 쇼라는 사실도 알게 되었다. 움직이는 천체에서 음양오행이라는 삶의 근본 섭리를 찾아낸 선조처럼, 오늘날 우리는 우주에 대한 새로운 과학 지식을 통해 어떻게 살아야 할 것인지를 밝혀내고 있는 셈이다.

자연관의 변화

아름답고 푸른 행성 지구는 정말 특별하다. 우리가 살아 숨 쉴 수 있는 곳이기 때문이다. 목성처럼 지나치게 크지도 않고, 수성처럼 너무 작지도 않다. 태양까지 거리도 적당해서 생명이 살아가기에 알맞은 온도를 유지한다. 지구 표면에는 생명을 번성시키는 물이 가득하고, 대기 중 산소와 이산화탄소의 농도도 적당하다. 크기가 지구의 6분의 1인 달이 지구 주위를 공전하는 까닭에 지구의 태양 공전 궤도가 안정적으로 유지되는데, 이 또한 우주에서 지구가 정말 특별한 곳이 된 이유 가운데 하나다.

우리가 지구에 대해 정확히 알게 된 것은 최근의 일이다. 17세기까지도 구약성서의 연대기를 근거로 지구가 기원전 4004년 10월 23일에 창조되었다고 믿었다. 지구의 역사가 우리의 상상을 넘어 45억 년에 이른다는 사실을 밝혀낸 것은 20세기 들어 방사성 동위원소 연대측정법이 개발되면서부터다. '지르콘^{zircon}'이라는 단단한 암석에 남아 있는 우라늄 동위원소의 자연 붕괴 정도를 분석해서 얻어낸 소중한 정보다.

지구는 우주를 떠돌던 우주먼지가 모이고 흩어지는 우주적

재활용 과정에서 태양과 함께 탄생했다. 우리의 태양은 2000억 개의 별(항성)이 모여 빠르게 회전하는 '은하수'(우리 은하계)에 속한 평범하고 외로운 별이다. 가장 가까운 항성인 켄타우루스 알파성은 4.3광년이나 되는 거리에 있다(1광년은 약 9조 4600억 킬로미터). 태양계의 모든 것을 휩쓸어 버릴 만큼 거대한 초신성 폭발을 일으킬 수 있는 오리온자리의 베텔기우스는 640광년이나 떨어져 있다. 그렇다고 우주 공간에서 지구가 안전한 곳에 위치해 있다는 것은 아니다. 지구 주변에는 위험하리만큼 헤아릴 수 없이 많은 소행성들이 있다. 밤하늘에서 쉽게 볼 수 있는 별똥별은 지구의 공전 궤도를 가로지르던 소행성이 지구와 충돌하며 대기권에서 불타는 모습이다. 지구와 충돌한 소행성이 대기권에서 충분히 연소되지 못하면 지면에 떨어져 재앙을 불러올 수도 있다.

태양과 지구가 영원히 존재하는 것은 아니다. 태양에서 발생하는 수소 핵융합은 약 100억 년 정도 지속된다. 그 후 태양은 지금보다 260배 큰 적색거성을 거쳐 다시 차가운 우주먼지로 되돌아간다. 지구도 이 운명을 벗어날 수는 없다. 태양의 현재 나이가 약 45억 년인 것을 감안할 때, 우리에게 남은 미래는 50억 년 정도다. 물론 기껏해야 1만 년에 불과한 인류 문명의 역사와는 비교할 수 없이 아득하게 긴 시간이기는 하다.

한편 지구가 둥근 공 모양이라는 사실도 쉽게 알아낸 것은 아니다. 언뜻 둥글어 보이는 수평선이나 지평선이 이를 입증하는 증거가 되기는 어렵다. 두 눈을 사용하는 우리의 착시錯視 현상일 뿐이기 때문이다. 사실 인류가 둥근 지구의 모습을 처음 볼 수 있었던 것은 1972년 12월 7일 달 탐사선 아폴로 17호가 촬영한 흑백 사진 덕분이었다.

지구의 둘레는 약 4만 킬로미터에 이른다. 이는 1791년 프랑스 과학원이 북극에서 파리를 지나 적도에 이르는 자오선의 1000만 분의 1을 1미터로 정하도록 제안했기 때문이다. 다시 말해 지구 둘레의 4분의 1을 다시 1000만 분의 1로 나누면 1미터가 되도록 한 것이다. 이 제안에 따라 프랑스 천문학자 장 밥티스트

조제프 들랑브르Jean-Baptiste-Joseph Delambre와 피에르 메생Pierre Méchain이 대서양에서 지중해 연안까지 자오선의 길이를 측량했다. 1791년에 시작해 7년이나 걸린 지난한 작업이었다. 이를 바탕으로 계산한 지구의 형태는 지름 1만 2700킬로미터가 넘는 약간 일그러진 공 모양이다.

지구 내부의 구조를 알아낼 수 있었던 것은 대부분 지진파 분석 덕분이었다. 지진파 연구는 19세기 말부터 시작되었지만, 전 지구적 규모의 지진파 관찰과 분석이 시작된 것은 1960년대부터였다. 치열한 냉전을 벌이던 미국과 소련이 핵실험 중단 협정을 맺은 결과였다. 상대 국가가 협정을 지키는지 확인하기 위해서는 전 지구적 지진파 관찰이 필요했기 때문이다. 대량살상무기 개발을 금지하기 위한 노력이 지구의 내부 모습을 파악할 수 있는 수단을 제공하게 된 것은 지극히 역설적인 일이었다. 지구 내부는 지각, 맨틀, 외핵, 내핵으로 이루어지며, 내핵의 온도는 태양 표면에 버금가는 약 6000도에 이른다. 대부분의 열은 우라

늄, 포타슘, 토륨과 같은 방사성 동위원소의 핵분열에서 방출된
다. 지각 바로 밑에 있는 맨틀은 그 열기 때문에 대류하며 움직인
다. 따라서 우리는 그 위에 떠 있는 여러 개의 뗏목에서 살고 있
는 셈이다. 다시 말해 우리가 사는 지각은 한 덩어리가 아니라 10
여 개의 크고 작은 판으로 구성되어 있는 것이다. 이로써 화산,
지진, 해일을 비롯한 지질학적 변화의 정확한 원인이 처음으로
밝혀졌다. 엄청난 재앙을 가져오는 지질학적 변화가 자연을 정복
하려는 인간에 대한 응징이 아니라, 지구에서 45억 년 동안 끊임
없이 계속되어 온 자연현상이라는 사실을 알아낸 것이다.

지구를 둘러싼 대기의 구조와 기능에 대한 지식도 크게 늘어
났다. 우리에게 혜택과 재앙이라는 두 얼굴로 다가오는 기후는
지표에서 수직 10킬로미터에 이르는 대류권에 한정되어 일어나
는 자연현상이다. 이는 태양에서 불균일하게 전달되는 에너지를
확산시키는 중요한 자연 순환 과정이다. 우리는 대류권 상층부에
두께 30~40킬로미터에 이르는 성층권이 있다는 사실도 알아냈

다. 또한 성층권 상층부에는 태양에서 오는 강한 자외선이 만든 오존층이 있어, 지표 생물들에게 치명적인 자외선을 흡수한다는 사실도 알아냈다.

지구의 자연환경이 우리에게 따뜻하고 포근한 안식처를 제공한다는 일반적 인식은 사실과 크게 다르다. 지표의 70퍼센트를 차지하는 바다는 인간의 접근을 허용하지 않는다. 지표의 30퍼센트에 해당하는 육지에서도 인간이 대규모로 거주할 수 있는 지역은 그중 14퍼센트에 지나지 않는다. 중국 서북부, 시베리아, 오스트레일리아 중앙부, 남극 대륙은 인간이 살아가기에 너무 거친 환경이다. 인간이 집단적으로 살아가는 지역의 자연환경도 거칠기는 마찬가지다. 산불, 지진, 해일, 화산 폭발, 태풍과 같은 자연재해가 끊임없이 우리의 생존을 위협하고 있다.

생명관의 변화
석가모니는 살생殺生이 죄악이라고 가르쳤다. 살아 있는 것을 죽이는 일은 잔인하고 비윤리적이라는 뜻이다. 그러나 석가모니가 말한 살생 대상은 살아 움직이는 것에 한정되어 있었다. 즉 인간을 비롯해 소나 돼지 같은 동물, 벌이나 개미 같은 곤충처럼 살아 움직이는 생명을 일컬었다. 물론 석가모니가 움직이지 못하는 식물을 생명으로 여기지 않은 것은 아니나, 동물과 같은 층위에서 보지 않은 것만은 분명하다. 오늘날 우리도 동물을 살해하거나 육식을 할 때와 달리 식물을 뿌리째 뽑아 버리거나 채식을 할 때는 그다지 양심의 가책을 느끼지 않는다.

오늘날의 과학적 입장에서 보자면 식물은 명백한 생명이다. 사실 생명과학에서는 동물과 식물을 구분하는 확실한 기준을 어디에서도 찾을 수 없다. 움직이지 못하는 식물도 분명 살아 있는 생명이라는 뜻이다. 그뿐만이 아니다. 박테리아처럼 육안으로는 그 존재를 확인할 수조차 없는 미생물微生物도 있다. 게다가 그런 미물微物이 살아 있는 생물 중에서 가장 긴 역사를 가지고 있을 뿐 아니라 다양성과 개체 수 면에서도 단연 최고 수준을 자랑하는 생태계의 진짜 주인이다. 생물과 무생물의 경계선에서 우리와 치열하게 생존 경쟁을 벌이는 바이러스도 빼 놓을 수 없다.

이렇듯 생명에 대한 인식의 지평이 넓어진 것은 무엇 때문일까? 지난 150여 년 동안 놀랍게 발전한 생명과학 때문이다. 눈으로 보는 것이 전부가 아니라는 사실을 알게 된 것이다. 현미경을 통해 세포의 구조와 화학적 생리작용을 밝힘으로써 생명에 대한 인식을 근본적으로 변화시켰다. 생물의 해부학적 특징만을 기준으로 삼은 린네의 분류법은 완전한 것이 아니었다. 특히 1953년 제임스 왓슨James Watson과 프랜시스 크릭Francis Crick이 개체의 형질 유전과 생물 종의 진화를 일으키는 DNA(디옥시리보핵산)의 화학적 구조를 밝히면서 생명에 대한 우리의 인식은 근본적으로 바뀌었다. 역사상 처음으로 생명의 물질적 본질을 밝힌 것이다. 지구의 모든 생물은 DNA를 구성하는 염기 분자 배열 순서에 따라 암호화된 정보를 바탕으로 만들어진 수많은 단백질로 생명을 유지한다. A, T, G, C로 표현되는 4가지 염기의 서열이 모든 생물학적 형질을 결정한다는 사실이 분명하게 밝혀진 것이다. 20세기 말에 이르러서는 30억 개에 이르는 인간의 게놈(유전체)을 완전하게 파악하는 성과도 거두었다.

이제 '우리는 누구인가' 라는 근원적 질문에 대한 인식 자체가 완전히 달라져 버렸다. 그렇다고 생명의 신비가 완전히 드러난 것은 아니다. 오히려 그것은 더욱 높은 수준으로 승화되고 있다. 우리가 신의 선택을 받은 유일 무이한 존재라는 인식은 설 자리를 잃고 있다. 오늘날 우리는 더욱 궁극적인 질문을 던지고 있다. 즉 광활하고 오묘한 우주에서 인간이 정말 유일한 지적 생명체인지 묻고 있는 것이다.

인간다운 삶

우리는 약 600만 년 전 아프리카 남쪽 사바나 지역의 나무에서 내려와 두 발로 걷기 시작한 원인猿人의 후예다. 150년 전 영국의 찰스 다윈Charles Darwin이 처음 진화론을 주장한 이래 끊임없는 연구와 발견에 따라 얻은 결론이다. 사실 그토록 오래 진화해 온 인간이 지닌 육체적·생리적 능력은 결코 대단하지 않다. 두꺼운 가죽이나 털도 없고, 날카로운 뿔이나 발톱도 없다. 맹수들의 추격을 따돌릴 만큼 빨리 달릴 수 있는 능력을 지닌 것도 아니다. 그렇게 연약한 인간이 오늘날 다른 종들과 확연히 다른 삶을 살 수 있게 된 것은 과학의 눈을 통해 자연을 정확히 이해하고, 이를 적극적으로 활용하는 남다른 능력을 가지고 있기 때문이다.

　육체적·생리적으로 연약한 인간이 다른 종들과의 경쟁에서 살아남을 수 있었던 것은 50만 년 전 처음으로 불을 사용하기 시작했기 때문이다. 또한 인간은 돌·청동·철 등으로 도구를 만들어 다른 종들은 꿈꾸지 못한 '문명'을 구축했다. 인간이 야생에서 수렵과 채취에 의존해 살아가던 방식에서 벗어나 본격적으로 '사회'를 구성해 '인간다운 삶'을 영위하기 시작한 것은 1만 2000년 전부터다. 이때부터 육종·관개灌漑·천문 기술이 발달하기 시작했고, 농경과 목축을 시작하면서 '생산성'이 획기적으로 높아졌다. 더 나아가 적극적인 분업, 전문화, 교환에 기초한 경제 활동을 시작하면서 인류의 삶이 획기적으로 변화했다. 7000만 명에 불과했던 지구의 인구가 농경과 목축이 시작되면서 5억 명 수준으로 늘어난 것도 생산성 향상과 무관하지 않다. 기술의 발전이 사회의 출현과 경제 활동의 활성화를 가능하게 한 것이다. 18세기 산업혁명 이후에는 증기기관처럼 인간을 대신해 '일하는' 기계 장치를 개발하면서 더욱 놀라운 발전을 이루었다.

인류 문명이 시작된 후에도 기술 개발의 중요성은 줄어들지 않았다. 새로운 소재를 활용하는 기술에 따라 문명을 석기·청동기·철기 시대로 구분할 수 있을 정도였다. 본격적인 산업 문명이 시작되기 전의 전통 농경사회에서는 계절과 기후의 변화를 알아내기 위한 천문 관측 기술, 농기구·마구馬具·무기 제조 기술 등이 사회의 경쟁력을 결정하는 가장 중요한 요소였다.

산업혁명 이후에 등장한 현대 기술의 종류와 수는 헤아릴 수 없을 만큼 많다. 20세기에 등장한 정보·통신·신소재 기술은 상상을 뛰어넘는 수준으로 우리 삶을 변화시켰다. 새로운 기술을 충분히 개발한 사회는 번성했고, 상대적으로 그렇지 못한 사회는 쇠퇴의 길을 걸을 수밖에 없었다. 분업과 교환에 필요한 금융 및 운송 기술이 중요해졌고, 보건·의료 기술도 핵심 요소로 자리 잡았다. 산업혁명 이후에 시작된 산업사회에서는 기술을 기반으로 한 경제력이 사회의 경쟁력을 결정하는 가장 중요한 요소가 되었다.

해결해야 할 과제

자연에 대한 과학 지식이 늘어나면서 자연이나 우리 자신에 대한 인식도 크게 달라졌다. 이제 자연은 더 이상 신비의 대상이 아니며, 인간이 지구에 사는 다른 종들과 근본적으로 다르지 않다는 사실을 확인한 것이다. 인간이 '만물의 영장'이라는 오만에 빠져 다른 종들과 자연을 함부로 대해서는 안 되며, 마음대로 지배할 수 있는 대상이라고 여겨서도 안 된다는 것을 알게 되었다.

다만 자연을 좀 더 정확히 이해함으로써 우리의 생존 가능성을 조금이라도 높일 수 있도록 노력해야 할 뿐이다.

　폭발적으로 늘어나는 과학 지식에 대한 사회 인식이 언제나 긍정적인 것은 아니다. 철저한 실험과 검증을 거쳐 객관성과 보편성이 확인된 과학 지식의 가치에 대해 근본적인 회의懷疑를 제기하기도 한다. 과학 지식을 증진시키기 위한 노력에 필요한 비용도 사회적으로 상당한 부담이 된다. 과학 지식이 고도로 분화되고 전문화된 까닭에 쉽게 이해할 수 없고, 과학자들이 그들의 활동을 충분히 공개하지 않는다는 불평도 있다. 그러나 현대의 과학 지식은 누구에게나 공개되어 있다는 점에서 일부가 독점하던 과거의 지식과는 크게 다르다. 물론 현대의 과학 지식을 쉽게 이해할 수는 없다. 그러나 자연에 깊이 숨어 있던 지식을 지난 몇 세기 동안 겨우 밝혀냈는데, 이를 아무 노력 없이 쉽게 이해하고자 기대하는 것은 옳지 않다.

　한편 오늘날 지구가 열에 들떠 몸살을 앓는다는 주장이 제기

되고 있다. 70억 명 넘는 '인간'이 무차별적으로 내뿜는 이산화탄소를 비롯해 수많은 온실기체가 지구를 뜨겁게 만든다는 것이다. 이 때문에 앞으로 한 세기 안에 지구의 온도가 섭씨 1.1∼6.4도 올라가고, 해수면은 18∼59센티미터 높아지며, 엄청난 기후 재앙이 몰아닥칠 것이라는 예측도 있다. 물론 오늘날 자연환경이 빠르게 바뀌고 있는 것은 분명한 사실이다. 그렇다고 지구가 '몸살을 앓는다'고 진단하는 것은 크게 잘못된 것이다. 자연환경의 변화가 우리 때문에 발생한 것인지 여부는 중요한 문제가 아니다. 사실 위기에 빠진 것은 지구 자체가 아니라 지구가 제공하는 위험한 자연환경에서 위태롭게 살아가는 우리 자신이기 때문이다. 진단을 잘못하면 처방을 잘못하게 되고 우리의 미래도 어두워진다.

우리에게 필요한 것은 '몸살을 앓는 지구를 살리려는 노력'이 아니다. 우리에게는 그럴 능력이 없다. 우리가 할 수 있는 일은 빠르게 변화하는 자연환경에 적응하며 살아남는 길을 찾는 것이다. 애써 개발한 기술을 포기하고 자연으로 돌아가는 것은 결코 대안이 될 수 없다. 그동안 과학은 세상을 정확히 보게 하는 '눈' 역할을 충실히 수행해 왔다. 과학을 더욱 적극적으로 활용해 당면한 어려움을 극복하고자 노력하는 것만이 유일한 해결책이다. 그럼에도 인간이 지구에서 영원히 살아남을 수 있는 것은 아니다. 50억 년 후 우리의 태양이 지금의 목성 위치까지 부풀어 오르면, 지구에 존재하는 모든 생명도 종말을 맞을 수밖에 없다. 지난 350여 년에 걸쳐 우리에게 빛과 소금이 되어 준 과학에 따르면 그것이 우리를 기다리는 운명이자 숙명이다. 물론 고작 100여 년을 사는 우리로서는 상상조차 할 수 없이 아득하게 먼 훗날의 이야기지만 말이다.

바다를 연구하는 과학자

김웅서

'스마트한 과학자' '다정다감하게 주변 사물을 바라보는 과학자' '사진 찍기를 좋아할 뿐 아니라 수준급 사진 작품을 보유한 과학자' '보기 드물게 큰소리로 부부 싸움을 한 적이 없다는 민주적인 과학자' '우리나라 최초로 심해 탐사를 한 과학자' '노래를 참 잘하는 과학자' 등 바다만큼이나 다채로운 면모를 지닌 과학자입니다.

바다를 연구하는 과학자의
해양과학 오리엔테이션

김웅서 박사는 서울대학교 생물교육과와 해양학과에서 공부하고, 미국 뉴욕주립 대학교에서 해양생태학으로 박사학위를 받았습니다. 현재 한국해양연구원에서 바다생물을 연구하고 있습니다.

글쓴이의 책들로는 『제주 바다물고기』(현암사, 1995; 공저), 『해양생물』(대원사, 1997), 『21세기를 위한 해양 보전, 바다는 희망이다』(수수꽃다리, 2002; 번역서), 『아름다운 바다』(사이언스북스, 2002; 번역서), 『앗 바다가 나를 삼켰어요』(삼성출판사, 2002), 『난파선의 역사』(수수꽃다리, 2003; 번역서), 『펭귄』(웅진닷컴, 2003), 『바다』(웅진닷컴, 2003), 『미래 동물 대탐험』(한승, 2004; 번역서), 『바다에 오르다』(지성사, 2005), 『빙하기』(사이언스북스, 2005; 번역서), 『태평양 바다 속에 우리 땅이 있다고?』(지성사, 2006; 공저), 『우리 바다 서해 이야기』(영림카디널, 2006), 『바다 깊이 탐사하다』(웅진주니어, 2007), 『바다의 방랑자 플랑크톤』(지성사, 2007), 『호기심 가득, 바다야 친구하자』(키작은나무, 2008; 공저), 『내가 좋아하는 바다생물』(호박꽃, 2008), 『독도 가는 길』(해양문화재단, 2008; 공저), 『포세이돈의 분노』(지성사, 2010), 『직업으로 꿈꾸는 바다』(넥서스BOOKS, 2010; 공저), 『바다의 비밀』(지성사, 2010; 공역), 『나무를 껴안아 숲을 지킨 사람들』(웅진주니어, 2010; 공저), 『도심 속 바다생물』(지성사, 2011; 공저), 『자연 습지가 있는 한강 하구』(지성사, 2011; 공저), 『한국 연안해역의 플랑크톤 생태학』(동화기술, 2011; 공저) 등이 있습니다.

과학자와 과학

어렸을 적 선생님이 장래에 어떤 사람이 되겠냐고 물으면 대부분 과학자가 되겠다고 답했던 것을 기억한다. 무엇 때문에 많은 아이들이 과학자가 되겠다고 했을까? 과학에서 어떤 매력을 느꼈기에 그런 꿈을 가졌을까? 하얀 실험복을 입고 실험 장비와 시약으로 가득 찬 연구실에서 보통 사람은 이해하기 어려운 실험을 하는 모습이 멋져 보여서만은 아니었을 것이다. 만약 지금 초등학교 교실에서 똑같은 질문을 던진다면 과학자가 되겠다는 대답이 얼마나 나올지 의문이다. 고등학생들이 이공계 진학을 기피하는 작금의 추세로 볼 때 아마도 과학자가 되겠다고 답하는 어린이들 역시 많지는 않을 것이다. 그러면 무엇 때문에 상황이 바뀐 것일까? 예전에는 과학자가 가장 선호하는 미래의 꿈이었는데, 지금은 기피의 대상이 된 까닭은 무엇일까?

1970년대만 해도 우리나라는 가난에서 벗어나기 위해 경제 개발에 주력했다. 공장을 건설하고 산업을 일으키는 과정에서 과학기술자들이 큰 역할을 했다. 국가에서도 과학자를 우대했고, 국민은 그런 과학자를 존경했다. 과학자는 다양한 직업인 가운데 하나가 아니고, 인류에 공헌하는 사람으로 각인되었다. 사람들은 설령 과학자가 거짓말을 한다 해도 믿을 만큼 과학자를 신뢰했다. 또한 학생들은 과학자의 위인전을 읽으며, 장래에 존경받는 과학자가 되겠다는 꿈을 꾸었다.

그러나 이제는 상황이 바뀌었다. 경제 성장을 이루면서 삶의 질이 향상되었을 뿐 아니라 우리를 둘러싼 수많은 환경의 변화로 주요 관심사가 바뀌고 있는 것이다. 많은 이들이 단지 먹고사는 문제뿐 아니라 삶을 즐기는 문제에 초점을 맞추고 있다. 따라서 자연스레 연예, 오락, 스포츠 분야가 인기를 얻게 되었고, 연예인이나 운동선수가 청소년들의 우상이 되었다. 노래를 잘 부르고, 춤을 잘 추고, 운동을 잘하면 방송에 자주 나오고, 돈도 많이 벌고, 대중적인 인기도 얻으니 청소년이 이들을 닮으려고 애쓰는 것은 어쩌면 당연한 일이다. 반면 과학자는 예전만큼 세상 사람들의 존경을 받지 못하며 돈을 많이 버는 것도 아니다. 게다가 과학자가 되려면 어려운 과학이나 수학을 공부해야 한다. 사정이 이렇다 보니 과학자의 인기가 예전보다 못한 것이 자연스러운 시대적 상황인지도 모르겠다. 그러니 학생들이 굳이 힘들여 공부해서 과학자가 되려 하지 않는 것을 나무랄 수도 없을 것이다.

　직업으로서 과학자의 위상이 달라진 것만은 분명하다. 그럼에도 여전히 과학자가 매력적인 직업인 까닭은 예전이나 지금이나 과학자만이 누릴 수 있는 여러 장점들이 있기 때문이다. 그 가운데 가장 큰 장점은 평생 자기가 좋아하는 일을 하며 살 수 있다는 것이다. 물론 다른 직업에 종사하는 사람들은 모두 좋아하지 않는 일을 한다는 것이 아니다. 하지만 생계를 꾸리기 위해 하기 싫어도 억지로 일해야 하는 경우가 더 많은 것도 사실이다. 직장인은 대부분 매일 같은 일을 반복하지만, 과학자가 하는 일은 그렇지 않다. 아무리 좋아하는 일이라도 늘 반복하면 싫증이 날 텐데, 과학자가 하는 일은 매번 새롭다. 항상 새로운 사실을 밝히는 것이 과학자가 하는 일의 속성이기 때문이다. 따라서 과학자들은 인기에 연연하지 않고 자기가 좋아하는 일을 즐기며 생활할 수 있다.

과학자는 시간을 자기 마음대로 활용할 수 있다는 장점도 있다. 연구에 몰입할 때는 밤을 새우기도 하지만, 뭔가 제대로 진척되지 않을 때는 잠깐 멈춰 서서 새로운 구상을 할 때도 있다. 과학자들은 휴식하는 것처럼 보일 때도 머릿속으로 자기 연구 분야에 대해 생각하고 있는 경우가 많다. 휴식하듯 일하고, 일하듯 휴식하는 것이 과학자다.

또 과학자의 일은 창의적이다. 세상에 알려지지 않은 새로운 사실을 밝히고, 세상에 없는 것을 만들어 낸다. 그 결과 인류의 삶은 점점 편리해진다. 우리가 일상생활에서 사용하는 것 가운데 그 어느 하나도 과학자의 지혜가 숨어 있지 않은 것이 없다. 그래서 과학자들은 자신의 일에 자부심과 보람을 느낀다.

이렇게 자신의 일을 사랑하므로, 과학자들은 대부분 실험실이나 연구실에 파묻혀 연구에만 몰두한다. 과학자가 본연의 일인 연구에 몰두하는 것은 바람직한 일이다. 그러나 과학자들 가운데 누군가는 실험실 밖으로 나와 대중들에게 자신의 경험을 들려주고, 과학 지식을 쉽고 재미있게 전달하는 역할을 해야 한다. 하지만 아쉽게도 대다수 과학자들이 이에 서툴다. 일반인에게 어려운 과학 원리를 설명하다 보면 자연스레 생소한 전문용어가 튀어나온다. 과학자들끼리 사용하는 전문용어가 일반인에게 친숙할 리 없다. 글을 잘 쓰는 과학자도 의외로 많지 않다. 과학 논문보다 일반인이 읽을 수 있는 교양 과학책 쓰는 것을 훨씬 어려워한다. 그럼에도 과학의 대중화와 대중의 과학화를 위해 과학자들이 대중과 자주 만나 이야기 나누고, 누구나 쉽게 읽을 수 있는 교양 과학책을 많이 집필해야 한다. 과학자들이 대중 속으로 파고들어, 과학이 과학자만의 전유물이 아님을 보여 줄 필요가 있다. 과학은 모든 사람이 누려야 한다. '침대는 가구가 아니라 과학'이라는 광고 문구가 있다. 침대를 과학적으로 연구해 만들었다는

의미일 것이다. 이처럼 실생활 곳곳에 과학이 담겨 있으니, 우리
의 삶 자체가 과학이라고 해도 지나친 말이 아니다.

　　현대의 과학자는 더 이상 실험실에 갇혀 있지 않다. 책이나
다큐멘터리를 통해 대중들과 만나는 일이 많아졌다. 영화 주인공
으로 등장하기도 한다. 영화와 과학이 만날 때 그 재미는 배가 된
다. 허구를 다룬 영화에 과학이라는 요소가 개입하면 사실감이
증폭되면서 더욱 흥미진진해진다. 한국영화 최고 흥행작 중 하나
인 「해운대」에는 해양학자가 등장했고, 재난영화 「트위스터Twister」
와 「투모로우Tomorrow」에는 기상학자가 나왔다. 설령 과학을 좋아하
지 않는 사람이라고 할지라도 영화 속 과학자들이 멋져 보였을
것이다.

　　그러면 과학자들이 연구하는 '과학'이란 대체 어떤 속성을
지니고 있을까? 과학은 어떤 영역을 객관적이고 체계적인 방법
으로 연구하는 활동 또는 그 결과로 얻은 보편적 진리나 법칙을
말한다. 이것이 과학에 대한 사전적 풀이다. 자주 느끼는 바지만,

용어를 잘 몰라 사전을 찾으면 오히려 더 혼란스러워지는 경우가 많다. 과학에 대한 사전적 정의 역시 쉽지 않기는 마찬가지다. 여기서 중요한 단어들만 골라 보면 '객관적인 방법' '체계적인 연구' '보편적 진리나 법칙' 등이 있다. 과학 연구를 할 때는 누구나 인정하는 객관적이고 검증된 방법으로 해야 한다. 연구 방법에 오류나 문제가 있으면 당연히 잘못된 결과를 얻을 것이다. 과학은 기존의 연구 결과를 바탕으로 발전해 왔다. 그 과정에서 그릇된 결과는 수정되었다. 지반이 단단하지 않은 모래 위에 집을 지으면 무너지듯이, 그릇된 결과를 바탕으로 한 과학은 견고하게 발전할 수 없다. 사람들이 과학자들의 연구 결과에 신뢰감을 갖는 까닭은 과학의 발전 과정에서 체계적인 연구를 통해 오류를 걸러 내기 때문이다. 이런 과정을 거쳐 완성한 과학의 원리나 법칙은 보편성을 갖는다. 보편성이 확립되면 어느 누가 같은 실험을 해도 동일한 결과가 나온다. 그래서 콩으로 메주를 쑨다 해도 믿지 않던 사람들이 팥으로 메주를 쑬 수 있다는 과학자의 말은 믿는 것이다.

오늘날에는 '사회과학'이나 '인문과학'처럼 흔히 말하는 인문 계통의 학문에도 '과학'이란 용어를 사용하지만, 보통 과학이라고 하면 '자연과학'을 일컫는다. 자연과학의 입장에서 본 '과학'은 자연의 이치와 질서를 찾아내서 지식을 쌓는 활동이며, 경험적 사실에서 이끌어 낸 객관적이고 보편적이며 체계화된 지식이다. 다시 말해 과학은 관찰, 실험, 분석, 추리, 토의, 검증 과정을 통해 자연현상에 대한 지식을 체계화한 학문이다.

자연과학은 연구 대상에 따라 '생명과학'과 '물질과학'으로 나눌 수 있다. 구체적으로는 자연의 모든 현상과 구조를 연구해 그 관계와 법칙을 밝히는 물리학, 물질의 성질과 변화를 다루는 화학, 생물의 구조와 기능을 연구하는 생물학(요즘은 생명과학이라고도 함), 지구를 연구하는 지구과학, 우주를 연구하는 우주과학 등으로 세분할 수 있다. 과학이 발달함에 따라 각 자연과학 분야를 더 세분화하기도 한다. 예를 들어 생물학만 해도 수십 가지 전문 분야로 나뉜다. 어떤 생물을 연구하느냐에 따라 미생물학, 식물학, 동물학 등으로 나눌 수 있다. 동물학도 분류 체계에 따라 포유류·조류·파충류·양서류·어류 등을 다루는 척추동물학, 연체동물·절지동물·극피동물 등을 다루는 무척추동물학으로 나눌 수 있다. 척추동물학도 대상에 따라 조류학, 어류학 등으로 더욱 세분된다. 연구 내용에 따라서는 생물과 환경의 관계를 연구하는 생태학, 생물의 생리활동을 다루는 생리학, 종의 분류를 다루는 분류학, 진화를 다루는 진화생물학, 생물 구조를 다루는 해부학, 면역 체계를 다루는 면역학, 세포의 기능을 다루는 세포학 등 헤아릴 수 없이 많은 분야가 있다. 다른 자연과학 분야와 융합한 생물학도 있다. 생물의 화학적 부분을 다루는 생화학, 생물의 물리적 부분을 다루는 생물리학, 화석 등 지질학과 연계된 고생물학 등이 그 예다. 한편 사회과학 분야와 연계된 생물지리학이나 사회생물학도 있다.

과학이 빠르게 발전하면서 분야가 너무 세분화되다 보니 과학자라 해도 다른 분야까지 상세히 알 수는 없게 되었다. 따라서 자연히 같은 분야의 과학자들끼리 교류하게 되고, 다른 분야의 과학자들과는 교류가 많지 않았다. 그러나 최근에는 서로 다른 분야의 과학자들이 협력해 연구하는 일이 많아지면서, 자연과학 분야 간의 벽이 점차 낮아지는 추세다. 다른 분야의 과학자들이 함께 모여 머리를 맞대다 보면, 같은 분야의 과학자들끼리 교류 할 때보다 훨씬 기상천외한 발상을 얻을 수 있다.

해양과학이란 무엇인가

지금까지는 '과학이란 무엇인가'에 대해 이야기했다. 그러 면 '해양과학'이란 어떤 것일까? 해양과학은 말 그대로 바다를 과학적으로 연구하는 학문이다. 즉, 해양과학은 모든 과학 법칙 과 방법을 활용해 바다의 현상을 이해하려는 학문이며, 물리학·화학·생물학·지구과학 등 우리가 아는 모든 과학을 포함한다. 그래서 해양과학을 다학제간多學際間 학문이라고 하며, 때로는 '해양학'이라는 좀 더 넓은 범위의 용어를 사용하기도 한다. 해양학은 순수과학인 해양과학뿐 아니라 응용 분야인 해양공학까지 모두 포함하는 학문이다. 최근에는 해양과학이 해양정책학 같은 사회과학, 해양고고학 같은 인문과학도 포괄하는 넓은 의미로도 사용된다. 해양과학의 정의는 이처럼 복잡하지만, 한마디로 '바다에 대한 과학'이라고 요약할 수 있다. 해양과학은 물리해양학, 화학해양학, 생물해양학, 해양지질학, 지구물리학 등 다양한 분야로 나뉜다.

물리해양학$^{Physical\ Oceanography}$은 파도, 해류, 조석, 와류^{渦流} 등 바닷물의 움직임을 연구 대상으로 한다. 바닷물의 움직임은 수온이나 염분 등 해수의 물리적 성질과 밀접하게 연관되어 있다. 따라서 물리해양학자들은 바다에서 이를 측정한다. 한편 대기와 해양의 상호작용도 물리해양학 분야의 연구 주제다. 최근 지구온난화로 기상이변이 발생하는 것도 바다와 깊은 관련이 있다. 물리해양학에서는 컴퓨터로 현상의 특성을 계산하는 수치 모델$^{numerical\ model}$을 이용해 바다의 물리 환경 변화와 이에 따른 기후 변화를 예측하기도 한다. 최근에는 인공위성 자료를 이용해 전 지구적 규모의 해양 물리 환경을 연구하기도 한다.

화학해양학Chemical Oceanography은 바닷물의 성분, 바다의 화학물질 순환 등을 연구하는 분야다. 최근 해양 오염이 위험 수위를 넘어서고 있다. 북태평양에는 해상 쓰레기가 모여 섬을 이루고 있을 정도다. 또 최근에는 일본 후쿠시마에서 지진해일로 원전 사고가 일어나 바닷물이 방사능 물질에 오염되었다. 이처럼 인간의 활동으로 발생한 해양 오염도 화학해양학의 연구 대상이다. 화학해양학자는 각종 정밀 분석장비로 바닷물에 들어 있는 미량의 화학물질을 조사하기도 한다. 최근에는 지구온난화에 따른 해수의 산성화 문제, 대기와 해양 사이에서 이산화탄소의 이동량 등도 주 연구 대상이다.

생물해양학Biological Oceanography은 바다생물을 연구함으로써 바다에서 일어나는 현상을 이해하려는 학문이다. 즉, 생물을 연구해 바다를 알고자 하는 것이다. 이에 비해 해양생물학^{Marine Biology}은 바다에 서식하는 미생물·식물·동물의 상호 관계 또는 이들과 주변 환경의 관계를 연구하는 분야다. 이를 위해 해양생물학자는 생물의 분포·생활사·생리 등을 연구하며, 바다생물 간의 먹이사슬을 조사하기도 한다. 한편 해양생명공학기술^{MBT, Marine Bio Technology}로 바다생물에게서 약용 성분을 비롯해 우리 생활에 유용한 물질을 추출하기도 한다.

지질해양학^{Geological Oceanography}은 해안에서부터 깊은 바닷속에 이르기까지 밑바닥에 쌓여 있는 퇴적물이나 해저 기반암 등을 연구 대상으로 한다. 퇴적물 연구를 통해 바다의 지질학적 역사와 지구 기후 변화의 역사를 알 수 있다. 한편 지구물리학^{Geophysics}은 해저 지각 깊은 곳의 구조와 물리적 성질을 연구하는 분야다. 지구물리 조사를 할 때는 수중 음향장비를 주로 사용하며, 이는 해저유전을 찾는 데도 활용한다.

해양과학의 역사는 다른 과학 분야에 비해 늦게 시작되었다.

해양과학이 다른 기초과학 지식을 바탕으로 하기 때문이기도 하고, 연구 대상인 바다에 쉽게 접근하기 힘든 탓도 있다. 우리 주변에서 쉽게 볼 수 있는 식물이나 곤충을 연구한다면, 연구 대상을 찾기가 어렵지 않을 것이다. 그러나 바다를 연구하려면 배를 타고 먼바다로 나가야 한다. 따라서 해양과학이 어떻게 발달해왔는지 알려면 유명한 항해의 역사를 살펴보면 된다.

15~17세기 대항해시대大航海時代를 거치면서 인류는 바다에 대한 지식을 어느 정도 축적하게 되었다. 예를 들어 수심이 깊어질수록 수온이 낮아진다는 점, 전 세계 바다의 염분은 어디서나 비슷하다는 점 등이 이 시기를 통해 알게 된 지식이다. 18세기에 영국의 탐험가 제임스 쿡James Cook 선장은 위도와 경도를 측정할 수 있는 장비를 가지고 3회(1차 항해 1768~1771, 2차 항해 1772~1775, 3차 항해 1776~1779)에 걸쳐 전 세계 바다를 항해했다. 그의 항해로 남극해를 제외한 전 세계 바다의 경계선이 비교적 정확히 알려졌다. 1818년 존 로스 경Sir John Ross은 긴 밧줄을 이용해 바다의 깊

이를 측량했다.

찰스 다윈은 1831년부터 1836년까지 비글호에 승선해 동식물을 채집하고 광물을 관찰하는 등 자세한 기록을 남겼다. 그는 이러한 관찰을 바탕으로 진화론을 완성할 수 있었다. 한편 다윈은 비글호 항해로 환초環礁가 만들어지는 원리를 밝히기도 했다. 1850년대 영국의 해양생물학자 에드워드 포브스Edward Forbes는 수심 약 500미터가 넘는 깊은 곳에는 생물이 살지 않는다는 '심해 무생물설'을 주장했다. 나중에 심해에서 생물을 채집함으로써 그의 가설이 틀렸음을 증명했지만, 당시에는 많은 이들이 심해 무생물설을 믿었다.

본격적인 심해 연구는 1872년부터 1876년까지 수행한 챌린저호 탐사에서 시작되었다. 찰스 톰슨 경Sir Charles W. Thompson이 주도한 12만 7000킬로미터 항해 탐사에서 492곳의 수심을 측량했고, 133곳의 해저에서 바다생물을 채집했으며, 362곳에서 수온을 측정했다. 탐사 결과 4700종의 새로운 바다생물을 발견했으며, 태평양 마리아나 해구 근처에서 당시로서는 가장 깊은 수심인 8180미터 지점을 발견해 '챌린저 해연'이라 명명했다. 탐사 자료는 23년의 분석 기간을 거쳐 2만 9500쪽에 달하는 50권 분량의 보고서로 출간했다. 챌린저호 탐사는 해양 연구의 기폭제가 되었으며, 이후 크고 작은 해양 탐사가 뒤를 이었다.

노르웨이의 프리드쇼프 난센[Fridtjof Nansen]은 1893년부터 1896년까지 목선[木船] 프램호를 타고 북극해를 탐험했다. 프램호는 3년 동안 얼음에 갇혀 있었으며, 1685킬로미터를 표류했다. 이 탐사로 북극은 대륙이 아니라 얼음으로 뒤덮인 바다라는 것이 입증되었다. 수중 음향장비를 탑재한 독일의 메테오르호 탐사(1925∼1927)는 현대 해양학의 새로운 장을 열었다. 남대서양을 14회 횡단하면서 7만 회 이상 수심을 측량했다. 이때 수중 음향장비의 활용으로 상세한 해저 지형을 알 수 있게 되었다.

1960년대와 1970년대에는 심해 굴착 기능을 갖춘 글로마 챌린저호를 이용해 대서양, 태평양, 인도양 해저에 1000개 이상의 구멍을 뚫어 지각 구조를 조사했다. 그 덕분에 지구의 역사에 대한 많은 사실을 알게 되었다. 과학기술이 발달하면서 해양과학도 단순히 배를 타고 다니며 탐사하는 방식에서 벗어났다. 잠수정으로 심해를 탐사하거나 인공위성으로 넓은 면적의 바다를 조사하는 방식으로 바뀐 것이다.

심해잠수정은 사람이 탈 수 있는 유인잠수정과 탈 수 없는 무인잠수정으로 구분한다. 유인잠수정은 사람이 직접 상황 판단을 하며 탐사하므로 작업의 정밀성을 높일 수 있다는 장점이 있다. 한편 무인잠수정은 안전사고에 대한 부담이 적고, 더 오랜 시간 탐사할 수 있다는 장점이 있다. 무인잠수정은 모선과 케이블로 연결해 움직이는 원격 조종 무인잠수정[ROV, Remotely Operated Vehicle]과 스스로 움직이는 자율형 무인잠수정[AUV, Autonomous Underwater Vehicle]으로 나뉜다. 현재 심해유인잠수정을 보유한 나라는 미국, 프랑스, 일본, 러시아 등이다. 최근 중국이 수심 7000미터까지 잠수할 수 있는 심해유인잠수정을 개발했다고 발표했으나, 아직 실제 사람이 탑

승해 7000미터까지 내려간 적은 없다. 미국의 심해유인잠수정 앨빈호는 1977년 동태평양 갈라파고스 인근 바닷속에서 열수분출공熱水噴出孔 생태계를 발견했다. 이는 우리가 흔히 생각하듯 식물의 광합성으로 유지되는 생태계가 아니다. 박테리아가 황화수소라는 화학물질로 유기물을 만드는 생태계가 처음 발견된 것이다. 열수분출공은 해저 지각으로 스며든 바닷물이 마그마로 덥혀져 뜨거운 물이 다시 뿜어져 나오는 구멍이다.

한편 인공위성은 해양 연구를 위한 중요한 장비가 되었다. 인공위성의 장점은 탐사선을 이용할 경우 오랜 시간을 들여야 수집할 수 있는 자료를 짧은 시간 안에 얻을 수 있다는 것이다. 하늘에서 바다를 내려다 볼 수 있어 넓은 지역을 동시에 조사할 수 있기 때문이다. 인공위성을 활용하면 표층 수온, 해안선 변화, 해수면 고도, 바다생물 정보 등을 얻을 수 있다. 우리나라도 정지궤도 위성인 '천리안'을 쏘아 올려 한반도 주변 바다를 감시하고 있다. 오늘날의 해양과학은 이처럼 첨단 장비를 기반으로 빠르게 발전하고 있다.

나는 어떻게 해양생물학자가 되었나

바다. 생각만 해도 가슴이 탁 트인다. 사실 나는 서울에서 나고 자라 바다를 볼 기회가 그리 많지 않았다. 여름에 식구들과 피서를 가는 것이 유일하게 바다를 볼 수 있는 기회였다. 그래서일까? 내 눈에는 바다가 정말 신기하게 보였다. 어릴 때 사진을 보면 산과 들에서 곤충이나 식물을 채집하는 사진, 실험실에서 현미경을 들여다보거나 실험하는 사진이 많다. 지금 생각하면 자연과학에 대한 호기심이 남다르지 않았나 싶다. 우리를 둘러싼 자연의 모든 것이 예사롭지 않았다. 자연에 대한 호기심을 조금이나마 해소하기 위해 교내 과학반과 사진반에 가입해 특별 활동을 했다. 과학 작품을 방학숙제로 제출해 상을 받기도 했다.

어린 시절 프랑스의 쥘 베른^{Jules Verne}이 쓴 과학소설 『해저 2만 리^{Vingt mille lieues sous les mers}』에 심취했던 적이 있다. 그 책을 읽으며 잠수

함 '노틸러스호'를 타고 세계의 바닷속을 누비는 네모 선장과 아로낙스 박사를 무척이나 부러워했다. 지도를 펼쳐 놓고 '노틸러스호'가 어디로 움직이는지 연필로 직접 항로를 그려 가며 바닷속을 탐험하는 꿈을 키웠다. 바닷속에서 일어나는 흥미진진한 사건과 모험은 그야말로 책에서 눈을 뗄 수 없게 만들었다. 책에 빠져들었던 나는 저녁 먹으라는 어머니의 부름도 못 듣기 일쑤였다. 간절히 바라면 이루어진다고 했던가. 우연인지는 몰라도 해저 탐험을 꿈꾸던 나는 그로부터 30여 년 후 드디어 그 꿈이 실현될 기회를 맞았다. 수심 6000미터까지 내려갈 수 있는 프랑스의 심해유인잠수정 '노틸호'를 타고 북동태평양 바다 밑바닥까지 탐험할 기회가 생긴 것이다. 이때의 이야기는『바다에 오르다』에 상세하게 기술되어 있다.

　내가 해양학에 본격적으로 빠져든 것은 대학교 2학년 여름방학 때였다. 당시 전라남도 돌산도로 임해실습臨海實習이란 것을 다녀왔다. 지금은 여수에서 돌산도로 다리가 연결되어 있어 자동

차로 갈 수 있지만, 그때는 배를 타고 가야 했다. 돌산도로 건너 갈 때 그물 한가득 걸려 올라오는 물고기를 보며 바다의 풍요로움을 느꼈다. 가슴지느러미가 유난히 커서 수면 위로 날 수 있는 날치, 은빛을 발하며 그물 위로 튀어 오르던 멸치, 물고기 중간중간 섞여 있던 불가사리, 그 밖에 이름 모를 여러 생물들이 내 눈을 사로잡았던 기억이 생생하다.

임해실습은 바닷가에서 바다생물을 관찰하고 여러 실험도 하는 수업이었다. 낮에는 공부하고 밤에는 친구들과 막걸리를 마시며 인생을 이야기했다. 그러던 어느 날 밤 막걸리를 마시고 바다에 오줌을 누었는데, 오줌이 수면에 닿는 순간 물이 은하수처럼 반짝였다. '내 오줌에 금이라도 들었나?'라는 엉뚱한 생각을 하다가 바닷물을 떠서 현미경으로 봤더니 1밀리미터도 안 되는 작은 것들이 우글거리고 있었다. 마치 투명한 사과처럼 보였다. 나중에 알았지만 그것은 '야광충'이란 플랑크톤이었다. 이 녀석은 물리적 충격을 받으면 코발트빛을 내는 생물이다. 오줌발이 떨어진 곳에 있던 야광충들이 충격을 받아 빛을 냈던 것이다. 바닷속에 사는 이 신기한 생물은 나의 진로를 바꿔 놓았다. 순간의 선택이 평생을 좌우한다고 하지 않던가. 생물학을 공부하던 나는 그 사건 이후 해양학도 공부했다.

대학 졸업 무렵, 언론인이었던 선친께서 미국 출장길에 책을 두 권 사다 주셨다. 한 권은 해양환경에 관한 것이었고, 다른 한 권은 해양지질에 관한 것이었다. 그 가운데 해양환경에 관한 책은 지금도 바이블처럼 옆에 두고 본다. 프랑스의 유명한 해양학자 자크 쿠스토^{Jacques-Yves Cousteau}의 책을 사다 주신 적도 있는데, 여기에는 화려한 열대 산호초에 사는 생물 화보가 많이 실려 있다. 이 책들은 내가 대학원에 진학해 바다에 대해 더 많이 공부해야겠다고 결심한 계기가 되었다. 당시만 해도 우리나라에는 이 분야를 공부한 이들이 많지 않았다. 대학원에서 플랑크톤을 공부한 나는 오히려 더 많은 궁금증이 생겼다. 그래서 바다 너머 미국 뉴욕으로 건너갔다. 그곳에서 말 그대로 여한 없이 플랑크톤에 대해 공

부할 수 있었다. 스토니브룩에 위치한 뉴욕주립대학교에서 해양
생태학으로 박사학위를 받고 귀국해, 현재까지 약 20년을 한국
해양연구원에서 바다와 바다생물을 연구하고 있다.

　가만히 돌이켜 보면 누구나 살아가면서 인생의 진로를 결정
하는 계기를 맞는다. 어릴 적 기억을 되살려 보면 자신이 장래에
어떤 직업을 가질 것인지 미리 가늠할 수 있다. 반에서 오락회를
할 때 두각을 나타냈던 친구는 연예인이, 과학에 흥미를 가졌던
친구는 과학자가 된 경우를 흔히 본다. 내 어릴 적 성향을 돌이켜
보면 해양생물학자의 길이 필연이라는 생각이 든다. 여기 저기
돌아다니는 것을 좋아하는 내게 이 직업은 너무나 잘 어울린다.
전 세계 바다가 실험실이고, 전 세계 해양연구기관이 연구실이니
자연스레 5대양 6대주 구석구석을 누비고 다닐 기회가 많다. 보
통 사람들은 해외여행 한번 하기 힘든 것이 현실인데, 좋아하는
일을 하며 전 세계를 여행할 수 있는 나는 참 복 받은 사람이다.

해양과학자가 되려면

해양과학자가 되는 길은 여타 분야 과학자가 되는 것과 크게 다르지 않다. 나는 과학자가 되기 위해 가장 필요한 자질은 자연에 대한 끊임없는 '호기심'이라고 생각한다. 호기심이야말로 과학자로서 성공 여부를 결정짓는 중요한 동력이다. 호기심이 있어야 창의적인 연구를 할 수 있다. 모든 이들에게 똑같아 보이는 현상도 과학자의 눈으로 보면 다르다. 과학자는 보통 사람이 눈치채지 못하고 지나치는 자연현상의 미묘한 차이를 찾아낸다. 자연을 예리하게 관찰하는 눈을 가졌기 때문이다. 자연현상을 분석하는 눈을 지니기 위해서는 선천적인 소양도 필요하지만, 무엇보다 끊임없이 훈련해야 한다. 아는 만큼 보인다고 하지 않던가. 자연과학에 대한 지식을 쌓을수록 더 많은 자연현상을 볼 수 있다. 어떤 현상을 보는 순간 '왜 그럴까' 하는 의문이 생긴다면 과학자가 될 자격을 충분히 갖춘 셈이다. 의문이 생겼다면 그다음 할 일은 '왜'에 대한 답을 구하는 것이다. 답을 얻기 위해 자신의 과학 지식을 바탕으로 연구하는 것이 과학자의 일이다. 논리적으로 생각하고, 여러 가설을 세우고, 가설을 검증하기 위해 실험한다. 신뢰성 있는 답을 얻기 위해 같은 실험을 반복하기도 하며, 이때 매 실험마다 동일한 결과가 나오는지 확인한다. 이 과정에서 과학자의 창의성을 발휘해야 한다. 결과에 대한 확신이 서면 논문을 작성해 발표한다. 그러면 같은 분야를 연구하는 과학자들이 논문을 읽고 지지하거나 반론을 제기한다. 과학은 이렇게 검증 과정을 거치면서 발전한다.

앞서 말했듯이, 해양과학자가 되는 길은 여느 과학자가 되는 길과 같다. 하지만 연구 대상이 광대한 바다인 까닭에 다른 어떤 과학자들보다 강한 도전 정신과 모험 정신을 갖춰야 한다. 연구를 위해서라면 배를 집어삼킬 듯한 파도를 뚫고 먼바다로 나갈 수 있어야 한다. 연구를 위해서라면 쇠공도 찌그러뜨릴 만큼 수압이 엄청난 심해로 내려갈 용기를 가져야 한다. 연구를 위해서라면 망망대해에서 한두 달 동안 버틸 수 있어야 한다. 따라서 해양과학자는 오지에서 극한 상황을 이겨 내는 탐험가들의 이야기에 관심이 많다. 산소가 희박하고 만년설로 뒤덮인 고산준봉高山峻峯을 등반하거나, 살을 에는 추위와 맞서며 극 지대를 탐험하거나, 열대우림 오지를 탐험하거나, 망망대해를 몇 달씩 항해하는 이들의 남다른 용기를 부러워한다. 해양과학자에게는 이러한 탐험가의 용기가 필요하다. 에디슨Thomas Alva Edison은 천재가 1퍼센트의 재능과 99퍼센트의 노력으로 만들어진다고 했다. 해양과학자는 1퍼센트의 과학자적 기질과 99퍼센트의 체력 및 용기로 만들어진다. 거대한 바다를 연구하는 해양과학자에게는 모험 정신이 중요하다는 말이다.

우주에서 바라본 지구는 코발트빛으로 반짝이는 보석 같다. 바다 때문이다. 바다는 지표의 약 71퍼센트를 차지할 정도로 넓다. 육지보다 훨씬 넓기 때문에 여기저기 돌아다닐 곳도 많다. 따라서 해양과학자가 되려면 돌아다니는 것을 좋아해야 한다. 여행가서 호텔에 틀어박혀 쉬는 것을 더 좋아하는 이들이 있는데, 쉽게 말해 이런 사람들은 해양과학자가 되기에 적합하지 않다. 해양과학자가 되기 위해서는 방랑벽이 있어야 한다. 흔히 말하듯 역마살이 있어야 하는 것이다. 지칠 줄 모르고 바다를 누빌 기질을 갖고 있다면 훌륭한 해양과학자가 될 확률이 높다.

　미래학자들이 예견하듯이 21세기는 해양의 시대가 될 것이다. 인류의 미래는 바다에 달려 있다. 바다는 우리에게 소중한 곳이다. 숨 쉴 공기와 마실 물이 없으면 살아갈 수 없듯이, 바다가 없으면 인류는 생존할 수 없다. 바다는 지구에서 생명체가 처음 태어난 고향이다. 바다는 인류를 포함한 모든 생명체가 쾌적하게 살 수 있도록 기후를 조절해 준다. 바다는 우리가 숨 쉴 수 있게 해 주는 산소 공급기다. 바다는 무한한 식량·광물·에너지 자원을 가지고 있는 보물 창고다. 바다는 휴식 공간을 제공하는 놀이터다. 바다는 뱃길을 여는 고속도로다. 바다는 물을 깨끗하게 만드는 정화 장치다. 그 외에도 바다의 역할은 끝이 없다. 왜 인류의 미래가 바다에 달려 있는지 더 이상 설명하지 않아도 이해할 수 있을 것이다. 해양과학은 다른 과학에 비하면 아직 생소하다. 그러나 바다에 대한 의존도가 점점 커질수록 해양과학의 중요성도 커질 것이다. 바다를 좋아하고, 과학에 재능이 있고, 용기와 모험심이 있는 사람이라면 해양과학자야말로 도전할 만한 미래상이다.

생명 존엄을 얘기하는 과학자

곁에서 바라본 김성호 교수를 내 식대로 소개하자면 '마음이 열려 있는 과학자' '생명에 대한 애정과 이해가 깊은 과학자' '자연을 있는 그대로 기록하려는 열정을 지닌 과학자' '묵묵히 자신의 목표를 달성하기 위해 걷는 과학자' '풍부한 감성을 지닌 시인 같은 과학자' '내가 만약 부자라면 무조건 연구비를 지원하고 싶은 과학자' 입니다.

생명과학자가 걷는 길

김성호 교수는 연세대학교 생물학과에서 공부하고 같은 대학에서 식물생리학으로 박사학위를 받았습니다. 현재는 지리산과 섬진강이 지척에 있는 서남대학교 생명과학과 교수로 있습니다.

글쓴이의 책들로는 『큰오색딱따구리의 육아일기』(웅진지식하우스, 2008), 『동고비와 함께한 80일』(지성사, 2010), 『까막딱따구리 숲』(지성사, 2011), 『나의 생명수업』(웅진지식하우스, 2011) 등이 있습니다.

　　과학을 뜻하는 영어 'science'는 '~에 대해 아는 것'을 의미하는 라틴어 'scientia'에서 유래했다. 여기서도 알 수 있듯이 과학은 우리 자신을 비롯해 주변의 세계를 알아 가는 학문이라고 할 수 있다. 과학은 다시 여러 분야의 학문으로 세분할 수 있지만, 이미 각 학문 간의 벽이 무너진 지 오래다. 이제 어떤 학문도 홀로 설 수 없으며, 다른 분야를 제대로 이해하지 못하면 자신의 영역도 온전히 발전시킬 수 없는 현실 앞에 서 있다.

　　흔히 21세기는 생명과학의 시대라고 말한다. 1960년대 들어 생명과학 분야에서는 분자생물학이 확산되었다. 이로써 생명현상 연구에 새로운 분자론적 해석이 본격적으로 접목되기 시작했고, 이를 통해 생명현상의 본질이 하나둘 밝혀지고 있으며, 21세기에 들어서는 마침내 학문의 전성기를 맞고 있는 것이 사실이다. 그러나 여기서 분명히 알아야 할 점은 분자생물학과 분자유전학의 발전이 DNA 이중나선구조의 결정, 유전물질의 화학적 성질 및 유전자의 조절작용 등과 같은 물리·화학적 지식에 기초한다는 사실이다. 생명과학은 수학, 물리학, 화학, 천문학, 지질학 등 자연과학 전반에 대한 지식이 완전할 때 비로소 제대로 설 수 있는 학문이다. 사실 이는 다른 자연과학 분야도 마찬가지다.

여기서는 생명과학이 어떤 발전 과정을 거쳐 왔으며, 생명과학의 연구 방법이란 구체적으로 어떤 것인지 살펴보기로 한다.

생명과학의 발달사

생명과학의 연구 대상은 물론 '생명'이다. 따라서 생명과학은 생명에 대한 정의에서 시작해야 함이 옳다. '생명이란 무엇인가'에 대해 정의하려 한 최초의 노력은 그리스 시대로 거슬러 올라가 그 흔적을 찾아볼 수 있다. 당시 사람들은 자연의 여러 현상을 자연철학적 입장에서 이해하려 했으며, 특히 '생기론$^{生氣論, vitalism}$'에 입각한 생명관을 내세웠다. 생기론이란 생명을 지배하는 요인이 물질의 물리·화학적 성질에 있는 것이 아니라 어떤 영적 존재에 있다는 이론이다.

　　아리스토텔레스는 자연계를 합목적적 질서로 이루어진 통일체라고 주장했으며, 생명론으로서 '목적론적 생기론'을 제창했다. 이 논리에 따르면, 생물은 육체라는 질료質料가 영혼이라는 형상形相을 나타내는 것이다. 그리고 그는 영혼에는 최하위 단계인 식물의 영양적 영혼, 그다음인 동물의 감각적 영혼, 최고 단계인 인간의 이성적 영혼이 존재한다고 생각했다. 한편, 당시 사람들은 자연현상을 면밀히 관찰하고 종합·분석하는 능력이 발달하면서 자연에 대한 지식을 축적할 수 있었다. 유적지에서 발굴한 벽화나 조각을 보면, 당시 사람들이 주변 동물과 식물을 세밀하게 관찰했으며, 그들에 대한 많은 지식을 갖고 있었음을 알 수 있다.

　　목적론적 생기론과는 달리 모든 현상을 기계적 원리로 설명하고자 하는 '기계론機械論, mechanism'이 근대에 들어 대두되기 시작했다. 대표적으로 17세기 프랑스 철학자 데카르트René Descartes의 '동물 기계론'과 18세기 철학자 라메트리la Mettrie의 '인간 기계론'이 있다. 기계론적 생명관은 생기론에 정면으로 대립하며 등장한 생명관으로, 살아 있는 생물도 무생물처럼 물질의 물리·화학적 성질이나 법칙에 따라 생명현상을 나타내는 일종의 기계라는 주장이다. 기계론적 생명관은 다윈의 진화론, 파스퇴르의 생물영속설의 확립과 더불어 생기론을 압도했다.

생명과학은 중세의 암흑시대가 끝날 때까지 다른 자연과학 분야와 마찬가지로 별다른 진전이 없었다. 이후 르네상스 시대에 이르러 자연에 대해 재인식할 필요성이 대두되었으며, 그 결과 생물학 연구에도 근대의 자연과학적 연구 방법이 도입되었다.

근대 생물학은 17~18세기에 이르러 상당히 발전했다. 특히 17세기 중엽부터는 현미경으로 미세구조나 미생물을 관찰할 수 있게 되었는데, 이는 생물학 연구에 놀라운 발전을 가져다주었다. 우선 이전까지는 알지 못했던 미소 생물체의 존재를 확인할 수 있었다. 또한 모든 생명체가 세포로 구성되어 있음을 밝힘으로써 '세포설細胞說, cell theory'을 제창하게 되었다. 생명과학의 발전에서 현미경은 상당한 의미를 갖는다. 현미경은 맨눈으로 관찰할 수 없는 세계를 볼 수 있게 해 주었으며, 단지 보이지 않는다는 이유로 존재하지 않는다고 믿었던 잘못된 생각을 바로잡아 주었다. 또한 세포설은 생명현상을 세포 수준에서 일관되게 이해하는 중요한 변화의 계기가 되었다.

다윈이 제창한 진화론은 생물학 사상 가장 특기할 만한 발전이며, 이는 자연과학뿐 아니라 인문·사회 과학 전반에도 엄청난 영향을 미쳤다. 또한 멘델Gregor Johann Mendel이 '유전의 법칙'을 발표하며 제안한 '인자因子' 개념은 20세기 생물학 발전에 지대한 영향을 미쳤다.

1930년대에는 학문의 벽이 서서히 허물어지며 물리학과 화학 분야에서도 생명현상의 본질에 관해 깊은 관심을 갖게 되었고, 특히 유전현상을 조절하는 '유전자gene'에 관한 연구는 시대의 화두로 떠오르게 되었다. 또한 X선 회절법으로 단백질과 핵산을 비롯한 생체물질의 구조를 연구하게 되었고, 이를 바탕으로 왓슨과 크릭은 1953년 두 가닥이 서로 꼬인 형태의 'DNA 이중 나선 모델^{DNA double helix model}'을 밝혀낼 수 있었다.

이러한 연구들을 기초로 분자생물학이 탄생했고, 그 후 비교적 짧은 기간에 DNA가 유전자의 본체라는 사실을 확인했으며, 그 구조와 복제의 기작도 밝혔다. 그리고 마침내 DNA에 담긴 유전암호를 해독해, DNA → RNA → 단백질로 이어지는 유전정보의 흐름을 규명하면서 분자생물학의 중심 원리를 세울 수 있었다. 즉, 모든 생명체는 DNA 유전정보를 가지고 있으며, DNA에 담긴 유전정보는 RNA로 전사^{轉寫}되고, RNA에 전사된 정보에 따라 특정 단백질이 합성되며, 그 단백질이 생명체의 다양한 기능을 수행한다는 사실을 밝힌 것이다. 더불어 생명현상 전반을 분자 수준에서 연구함으로써 이전보다 훨씬 상세히 규명할 수 있게 되었다. 또한 지구의 모든 생명체는 동일한 유전정보가 지배하며, 공통의 물질 기반을 가지고 있다는 사실도 밝혀냈다. 이렇듯 분자 수준에서 생명현상을 규명함과 동시에 전자현미경, 방사성 동위원소를 이용한 대사 경로의 추적, 유전자 조작법 등 다양한 기술이 발달함에 따라 생명과학은 실로 괄목할 만한 발전을 거듭하고 있다.

한편 오늘날의 생명과학은 의학·농학 등과 명확히 경계 지을 수 없으며, 사실 그럴 필요도 없다. 생물학의 연구는 암, 노화, 면역, 감염 등 자연과학적 과제에서 환경, 식량, 인구, 자원 등 인문·사회 과학적 과제에 이르기까지 큰 영향을 미치고 있다.

신비로운 세계에 숨어 있던 생명현상이 이제 서서히 그 모습을 드러내고 있다. 또한 현재로서는 상상할 수 없는 사실들이 앞으로 밝혀지면, 이를 응용함으로써 우리의 생활이 완전히 달라질 것이다. 이 모든 것을 감안할 때 생명과학은 순수하게 생명현상을 연구하는 자연과학의 한 분야라기보다는 인류의 생존, 생명의 존엄성, 생물 환경의 중요성을 함께 이해하는 종합 과학의 성격을 지닐 뿐 아니라 앞으로도 그러한 방향으로 발전해야 할 것이다.

생명과학의 연구 방법

생명과학은 자연과학의 한 분야이므로 인간을 포함한 자연을 연구 대상으로 하며 그 방법도 다른 자연과학 분야와 동일하다. 그러나 생명현상은 너무나 다양하고 종합적인 방식으로 표출되므로 이에 알맞은 연구 방법을 선택해야만 한다. 생명과학을 연구하는 방법은 생명현상을 해석하는 입장에 따라 크게 둘로 나눌 수 있다.

첫째, 다양한 생명현상 속에서 질서 있는 공통성을 발견함으로써 그 근본을 파악하는 방법이다. 생물학에서 이러한 분야는 분류학taxonomy, 계통분류학systematics, 비교발생학comparative embryology, 비교생리학comparative physiology, 진화학evolutionistics을 들 수 있다. 이러한 연구에는 귀납법inductive method을 이용한다. 귀납법은 개개의 구체적 사실을 파악하고, 이를 기초로 일반적 명제나 법칙을 끌어내는 방법이다.

둘째, 생물계는 일정한 질서 아래에서 특이한 물질로 정교하게 이루어진 이화학적 물질계라는 전제를 기초로 생명현상의 신비를 푸는데, 이러한 물질계에 어떤 변화가 생기면 그 결과가 생명현상으로 나타나는 것이라 보고 그 변화의 원인과 결과를 분석함으로써 생명현상을 규명하고 있다. 이러한 분야에는 생화학biochemistry, 생리학physiology, 발생생물학developmental biology, 세포생물학cell biology, 유전학genetics이 있으며, 주로 분석법analytical method을 이용해 연구한다. 이 두 방법은 모두 구체적이고 부분적인 생명현상을 통해 원리나 법칙을 창안하는 데 적합하다.

그러나 어떤 방법을 택하더라도 생명과학적 사실이나 지식을 얻기 위해서는 다음의 과정을 반드시 거쳐야 한다. 우선 생명과학 연구는 관찰에서 시작한다. 그리고 관찰을 통해 얻은 아직 증명되지 않은 내용을 가설hypothesis 또는 모델model이라고 하는데, 이 가설이 옳은지 아닌지를 확인하는 과정, 즉 실험을 거친다. 실험을 통해 증명되거나 검증된 가설은 비로소 학설이 된다. 그러나 생명과학에서 학설만 의미 있는 것은 아니다. 아직 실험을

통해 증명되지는 않았다 하더라도 가설이나 모델 또한 나름의
의미를 가진다.

1) 관찰, 생명과학 연구의 출발점

생명과학 연구는 분명 관찰에서 시작한다. 무엇에 대해 알고
자 한다면 그 대상을 보는 데서 시작한다는 뜻이다. 그런데 관찰
은 그저 바라보는 것만을 의미하지는 않는다. 관찰은 대상을 향
한 호기심에 기초한 깊은 관심이라고 할 수 있다. 그리고 대부분
짧은 시간 동안 관찰해서는 무엇을 알아내기가 쉽지 않다. 관찰
기간은 보통 수년이 걸리고, 더러 평생이 걸리기도 한다. 이처럼
관찰은 오랜 기다림을 요구하는 고된 과정이다. 관찰을 위한 기
본 요건으로 대상에 대한 진정한 애정과 열정을 꼽는 것도 그 때
문이다. 생물학사에 큰 족적을 남긴 인물 중에서 오랜 기다림의
시간을 보내지 않은 경우는 없다. 기다림의 시간이 없다면 대상
은 그 무엇을 보여 주지도 들려주지도 않기 때문이다. 그런데 때

로는 기다림을 넘어서 더 많은 것을 희생해야 하는 것이 관찰 과정이기도 한다. 어떤 세균학 책의 첫 장에는 자신이 연구하던 세균 때문에 목숨을 잃은 세균학자들의 이름이 수록되어 있다. 이처럼 자신의 목숨마저 내놓으며 관찰한 연구 결과가 없었다면, 오늘날 우리는 수많은 질병에서 자유로울 수 없을 것이다.

그러나 인내심과 열정을 가지고 관찰하더라도 주의할 점이 있다. 다름 아닌 관찰의 오류다. 관찰은 기본적으로 '보는' 것이지만, 본 것이 전부가 아닐 수도 있다. 나도 원앙의 번식 과정을 관찰할 때 이 같은 경험을 한 적이 있다.

원앙은 다른 오리들과 달리 번식 생태가 무척 독특하여, 울창한 숲의 나무 구멍에 알을 낳는 습성이 있다. 나무가 오래되어 썩으며 생긴 구멍을 이용하기도 하고, 딱따구리가 만든 둥지를 이용하기도 한다. 알은 하루에 하나씩 열 개 내외로 낳는데, 모두 낳을 때까지는 알만 낳고 둥지는 비워 둔다. 해 뜰 무렵에 알을 낳을 때가 많지만 그렇다고 정해진 것은 아니다. 결국 알을 낳는 동안 둥지는 하루에 딱 한 번만 드나드는데다 알 낳는 시간을 아는 것은 오직 암컷 원앙뿐이므로 그 순간을 놓치면 알을 낳았는지조차 알 수 없다. 품는 일은 알을 모두 낳은 다음부터 시작한다. 만약 열 개의 알을 낳는다면 열흘 동안은 알만 낳고 바로 둥지를 떠나며, 열 개를 모두 낳은 뒤에 품기 시작한다는 뜻이다.

원앙의 번식 생태를 관찰하는 과정에서 가장 힘든 시기는 암컷이 알을 품는 약 한 달 동안이다. 둥지 밖으로 고개 한 번 내밀지 않고 거의 꼼짝하지 않은 채 알을 품기 때문이다. 가끔 몸을 세워 알을 굴리는 과정이 있을 테지만, 둥지가 깊을 경우 밖에서는 그조차 보이지 않을 때가 많다. 아무리 알을 품더라도 먹이활동조차 멈출 수는 없을 테니 분명히 둥지를 나서기는 할 텐데 그 시간을 알기가 어렵다. 나도 5일 내내 빈 둥지만 지켜보아야 했던 경험이 있다. 5일째 기록에는 다음과 같이 적어야 했다.

숲에서 어둠이 걷히는 아침 6시부터 사물을 분간하기 어려운 저녁

7시까지 하루 13시간씩 거의 눈을 떼지 않고 5일 동안 관찰했으나 원앙은 단 한 번도 둥지를 나서지 않았다. 원앙은 적어도 5일 동안 식음도 전폐한 채 오로지 알만 품는 것으로 보인다. 그저 놀라울 뿐이다.

하지만 이것은 관찰의 오류였다. 아무래도 이상해서 그다음 날은 새벽 4시에 숲에 나가 보았다. 깜깜하지만 느낌과 소리와 윤곽으로 원앙이 둥지에 드나드는 것을 감지할 수 있었다. 새벽 5시 15분이 되니 원앙이 푸드덕 소리를 내며 둥지를 나섰다. 원앙은 30분이 지난 5시 45분에 둥지로 돌아왔다. 그리고 저녁 7시 10분이 될 때까지 원앙의 둥지에서는 아무런 움직임도 감지할 수 없었다. 그때까지 원앙은 둥지에서 꼼짝하지 않고 있었던 것이다. 7시 10분에 다시 둥지에서 나선 원앙이 돌아온 것은 45분이 지난 7시 55분이었다. 원앙이 알을 품는 동안에도 둥지를 나서는 것은 분명한데, 처음 5일 동안의 관찰 시간에는 그 순간이 포함되지 않았던 것이다. 이후 이어진 관찰을 통해 비로소 원앙은 하루에 두 번 먹이활동을 다녀오고, 나머지 시간은 오직 알 품기에 전념한다는 사실을 알게 되었다.

또 다른 경험도 있었다. 몇 사람과 함께 큰소쩍새의 번식을 관찰할 때였다. 큰소쩍새는 올빼미과의 야행성 맹금류다. 큰소쩍새도 원앙처럼 나무에 뚫린 구멍이나 딱따구리의 둥지를 이용해 번식하기 때문에 안으로 들어가 몸을 숨기면 밖에서는 녀석이 안에 있는지 없는지 구분할 수 없다.

하루는 빈 딱따구리 둥지라고 여긴 곳에서 큰소쩍새 어미가 고개를 내미는 것을 목격했다. 그것도 한낮이었다. 둥지에 틀어박혀 잠자고 있어야 할 야행성 새가 한낮에 고개를 내밀었으니 의견이 분분했다. 그런데 이틀 내내 고개를 내밀던 어미 새의 모습이 사흘째부터는 보이지 않았다. 의견은 둘로 나뉘었다. 본래 습성대로 잠을 자고 있을 것이라는 의견과 둥지를 이미 떠났을 것이라는 의견이었다. 그리고 일주일의 시간이 흘렀다. 이른 새벽 둥지를 나서는 큰소쩍새 어미를 우연히 관찰했다. 어미 새는 둥지가 잘 보이는 나무에 앉아 하루 종일 둥지를 지키고 있었는데, 깃털이 나무껍질과 닮은 까닭에 앉아 있는 곳을 손으로 가리켜도 알아보기 힘들 정도였다. 어미 새는 둥지 안에서 자는 것도 아니었고, 둥지를 이미 떠난 것도 아니었다. 어린 새들의 몸집이 커져 공간이 협소해지자 고개를 내밀고 있다가 그마저 여의치 않자 아예 밖으로 나가 둥지를 지키고 있었던 것이다. 관찰의 오류는 계속 이어졌다. 어린 새가 도대체 몇 마리나 있을까 하는 것이 관심사였다. 사람들은 모두 둘이라고 했다. 둥지 입구로 최대 두 마리가 고개를 내밀고 있으니 그럴 만했다. 그러나 최종적으로 둥지를 떠나는 모습을 지켜보니 어린 새는 모두 여섯이었다.

　꼭 그렇게 밖에서 지켜봐야 하는지 물을 수도 있다. 둥지 내부에 카메라를 설치할 수도 있고, 심지어 안을 직접 들여다볼 수도 있기 때문이다. 그러나 생명과학에서는 생명을 대할 때 갖춰야 할 예의와 윤리가 있다. 생명에 대해 알기 위해서라는 미명 아래 대상을 함부로 대할 수는 없다. 물론 장비가 관찰과 실험에 드는 시간을 크게 절약시켜 주기도 한다. 그렇기에 생명과학 연구는 장비 싸움이 되는 경우가 있는 것도 사실이다. 그러나 직접 봤다고 하더라도 그것이 전부가 아닐 수 있음은 분명하다. 본 것이 전부라 믿고 서둘러 판단하는 것이 오류의 시작이다.

2) 가설과 실험과 학설의 관계

관심 대상을 오랜 시간 인내심과 열정을 가지고 관찰하다 보면 '이럴 것 같다' 또는 '이렇지 않을까?' 하는 생각이 든다. 물론 아직 검증되지는 않는 상태. 이처럼 관찰을 통해 얻은, 아직 검증되지 않은 생각을 '가설'이라고 한다. 보편적이고 합당한 가설을 이끌어 내려면 객관적이고 충분한 관찰이 선행되어야 하지만, 자료 분석 능력과 논리성 또한 뒷받침되어야 한다.

가설이 사실인지 확인하는 과정이 '실험'이다. 따라서 실험은 정확한 결론을 얻을 수 있는 객관적이고 논리적인 방법을 택

해야 한다. 그리고 실험 결과는 재현할 수 있어야 한다. 본인은 물론이고 같은 방법으로 다른 실험자가 수행하더라도 결과가 일치해야 한다. 따라서 모든 논문은 실험 재료와 방법을 구체적으로 명시하게 되어 있다.

　대개 실험에서는 실험군experimental group과 대조군control group을 설정한다. 대부분의 생명현상은 여러 변수가 상호작용한 결과 나타나는 것이기 때문에 비교 대상을 설정해야 한다는 뜻이다. 몇 가지 예를 들어 보겠다. 우선 연어의 모천회귀母川回歸에 관한 내용을 재구성해 보았다.

　강원도 양양의 남대천에 서식하는 물고기를 오랫동안 관찰한 사람이 있다. 그는 매년 늦가을 연어가 바다에서 남대천으로 거슬러 올라와 산란과 수정을 마친 뒤 죽고, 다음 해 봄 어린 연어들이 다시 바다로 향하는 것을 관찰했다. 이 과정이 매년 반복되는 것을 관찰한 그는 다음 가설을 세웠다. '연어는 자신이 태어난 모천으로 회귀한다.' 이 가설이 '회귀설'로 자리 잡으려면 실험을 통해 검증되어야 한다. 따라서 그는 어린 연어에게 표식을 남겨 검증하기로 결정했다. 결과는 어땠을까? 그 해 가을, 그는 남대천에서 표식이 있는 연어를 한 마리도 만나지 못했고, 그 다음 해에도 마찬가지였다. 여기서 실험을 마치고 연어는 자신이 태어난 모천으로 회귀하지 않는다고 주장할 수도 있다. 하지만 그는 좀 더 인내심 있는 사람이었다. 한 해를 더 기다리자 표식을 한 연어들이 남대천으로 돌아오는 것을 확인할 수 있었다. 몇 차례 같은 실험을 반복한 그는 연어의 '모천회귀설'을 확정하면서, 연어가 모천으로 회귀하는 데는 3년 정도 걸린다는 사실도 확인할 수 있었다.

그다음 그는 연어가 어떻게 모천으로 회귀할 수 있는지 궁금해졌다. 연어의 모천회귀가 본능에 따른 행위라 생각한 그는 다음과 같은 가설을 세웠다. '연어의 모천회귀는 유전자 자체에 짜여 있는 본능에 따른 것이다.' 이를 어떻게 증명할 수 있을까 고민하던 그는 좋은 생각을 떠올렸다. 강원도 남대천에서 수정된 알을 그곳과 서식환경이 유사한 전라북도 섬진강 상류로 옮겨 부화되게 한 것이다. 물론 섬진강을 따라 남해로 향하는 어린 연어들에게도 모두 표식을 했다. 연어의 모천회귀가 유전자 자체에 짜여 있는 본능이라면 이들은 산란을 하러 남대천으로 돌아가야 했다. 그러나 결과는 예상을 빗나갔다. 남대천에서 수정되었으나 섬진강을 따라 남해로 향했던 개체들은 남대천으로 돌아가지 않고 섬진강으로 돌아왔다. 반대로 섬진강에서 수정되었으나 남대천을 따라 동해로 향했던 개체들은 섬진강으로 돌아가지 않고 남대천으로 돌아왔다. 이 결과를 기초로 그는 연어의 모천회귀가 본능에 따른 것이 아니라는 사실을 알게 되었다.

본능이 아니라면 무엇일까 고민하던 그는 어린 연어가 강을 따라 내려가면서 지형을 보고 다시 찾아온다는 가설을 세웠다. 연어의 모천회귀는 '시각'에 따른 것이라는 가설이다. 그는 다시 남대천에서 실험했는데, 이제는 비교 대상이 필요했다. 어린 연어들 가운데 일부의 시각을 차단했다. 시각이 차단된 어린 연어들은 '실험군', 정상적인 시각을 갖춘 어린 연어들은 '대조군'으로 삼은 것이었다. 어린 연어들이 바다로 나선 지 3년째 되던 어느 가을날, 정상적인 시각을 가진 연어와 그렇지 않은 연어 모두 남대천으로는 회귀했으며 그 빈도 또한 크게 차이가 나지 않았다. 그의 예상은 또 빗나간 것이다. 하지만 이를 통해 그는 연어의 모천회귀가 시각에 따른 것이 아니라는 사실은 확인했다.

그는 다시 새로운 가설을 내놓았다. 이번에는 연어의 '후각'에 가능성을 둔 가설이었다. 연어는 자신이 태어난 지역의 냄새를 기억했다가 다시 찾아온다는 것이다. 그는 실험을 통해 후각이 차단된 연어는 모천으로 회귀하지 못한다는 사실을 확인하고 '연어의 모천회귀 후각설'을 확정했다. 그런데 여기에서 중요한 점이 있다. 일반화의 오류에 빠지지 않아야 한다는 것이다. 연어의 모천회귀가 '후각에만' 의존한다거나 다른 모천회귀성 어류도 '후각에만' 의존한다고 생각하면 이는 일반화의 오류를 범하는 것이다. 그래서 자연과학적 사실을 알아 가는 과정은 하나하

나를 확인해야 하는 험난한 여정이 될 수밖에 없다.

3) 홀로 완성되지 않는 생명과학

생명과학의 연구 과정 사례를 하나 더 들어 보기로 하자. DNA가 '유전물질'이라는 사실은 분자생물학과 분자유전학 발전에 결정적인 역할을 했다. 이 사실이 증명되기까지 어떤 과정이 있었는지 간단히 살펴보겠다.

놀랍게도 DNA 자체는 다윈 시대에 이미 발견되었다. 1869년 스위스의 요한 미셰르^{Johann Friedrich Miescher}는 고름에서 채취한 백혈구의 핵에 인 함유물질이 존재한다는 것을 확인한 뒤 이것이 유전물질일지 모른다고 추측한 바 있다. 그 후 1914년 독일의 로베르트 포일겐^{Robert Joachim Feulgen}은 DNA 염색법인 '포일겐 염색법'을 개발했다. 그는 이를 이용해 식물과 동물의 체세포(2n)는 모두 똑같은 양의 DNA를 가지고 있는 반면, 생식세포(n)인 난자와 정자는 그 절반만을 가지고 있다는 중요한 사실을 확인했다. 그러나 이 사실만으로는 DNA가 유전물질임을 확증할 수 없었다.

1928년 영국의 세균학자 프레드 그리피스^{Fred Griffith}는 두 종류의 폐렴쌍구균 균주를 대상으로 '형질전환 실험'이라 불리는 기념비적 실험을 수행했다. 실험에 사용한 두 균주는 S형과 R형이었다. S형^{smooth type}은 표면이 매끄러운 균주이고, R형^{rough type}은 표면을 매끄럽게 하는 물질을 합성하는 효소의 결핍으로 표면이 거친 균주를 말한다. 그리피스가 두 균주를 실험 대상으로 삼은 데는 이유가 있다. R형을 쥐에 주입하면 면역계가 이를 항원으로 인식해 항체를 만들기 때문에 쥐가 폐렴에 걸리지 않는다. 그래서 R형은 '무독성 균주'라고 한다. 반면 S형을 주입하면 쥐의 면역계는 매끄러운 협막^{英膜, capsule} 때문에 이를 항원으로 인식하지 못해 쥐는 곧 폐렴에 걸려 죽게 된다. 이 때문에 S형은 '유독성 균주'라고 한다. 그리피스는 두 균주의 차이가 유전형질의 차이에 따른 것이며, 따라서 S형에서 협막을 합성하는 데 관여하는 유전물질이 R형으로 전달된다면 R형이 S형으로 형질전환할 것이라는 가설을 설정했다. 여기서 돋보이는 것은 가설을 증명하기 위한 그의 실험 계획이다. R형을 주입해 쥐가 온전한 것을 확인한 뒤, S형을 주입해 쥐가 폐렴으로 죽는 것을 확인한다. 또한 열처리해 죽인 S형을 주입해 쥐가 온전한 것을 확인한다. 다음이 중요하다. 그리피스는 열처리해 죽인 S형과 살아 있는 R형을 혼합해 쥐에 주입했다. 열처리해 죽인 S형과 살아 있는 R형 중 어느 것도 폐렴을 일으킬 수 없는데 결과는 어땠을까? 쥐가 폐렴으로 죽고 말았다. 그리고 죽은 쥐의 몸에는 살아 있는 S형 균주가 만연해 있었다. 도대체 무슨 일이 일어난 것일까? 열처리로 죽은 S형 균주가 부활했을 리는 없다. 길은 하나다. 죽긴 했지만 열처리 과정에서도 변형되지 않은 어떤 물질이 R형으로 옮겨 갔고, 그 물질로 인해 R형이 S형으로 형질전환했을 것이다. 그렇다면 그 물질은 형질을 전환시킬 수 있는 유전물질일 가능성이 있다. 하지만 그리피스는 그 물질이 DNA라는 것까지 증명하는 데는 이르지 못했다.

16년이 지난 1944년에 이르러 오즈월드 에이버리^{Oswald Avery}, 콜린 매클라우드^{Colin McLeod}, 매클린 맥카티^{Maclyn McCarty}가 형질전환을 일으킨 물질이 DNA라는 사실을 밝혀냈다. 그들은 열처리한 S형 균주에서 DNA를 순수하게 추출한 다음 이를 R형 균주와 함께 배양함으로써 R형이 S형으로 형질전환된다는 것을 증명했다. 한편 열처리한 S형 균주에서 순수하게 분리한 단백질, 탄수화물, 지질, RNA는 형질전환시키지 못한다는 것도 밝혔다. 그리피스에서 에이버리로 이어진 일련의 실험을 통해 DNA가 유전물질이라는 것이 증명된 셈이다. 또한 1952년 알프레드 허쉬^{Alfred Hershey}와 마사 체이스^{Martha Chase}는 박테리오파지와 동위원소를 이용해 DNA가 유전물질이라는 사실을 다시 한 번 명쾌하게 증명했다. 하지만 오랜 시간 동안 단백질이 유전물질이라고 믿었던 생명과학자들의 생각은 쉽게 바뀌지 않았다. 게다가 아직 DNA의 구조가 밝혀지지 않았기 때문에 이러한 실험 결과들을 받아들이는 데 모두 소극적이었다.

DNA가 유전물질이라는 사실을 받아들이게 된 것은 왓슨과 크릭 덕분이다. 이들은 1953년 DNA가 이중나선구조를 하고 있다는 것과 이에 기초한 복제 기작을 제시했다. 유전물질의 필수 조건은 복제 가능해야 한다는 것이기 때문이다.

왓슨과 크릭 이후로 생명과학의 발전사는 날마다 새롭게 쓰이고 있다. 자고 일어나면 새로운 지식이 쌓인다는 말이 결코 지나친 표현이 아니다. 생명과학의 발전사는 몇몇 위대한 학자들의 업적을 바탕으로 쓰인다. 그들이 오랜 시간 인내심을 가지고 관찰하고, 가설을 세우고, 실험을 통해 증명한 사실들이 생명과학사의 큰 흐름을 이끌어 간다는 것은 부인하기 어렵다. 지금 내가 쓰고 있는 글조차 그 큰 흐름에 기대고 있다는 것을 인정할 수밖에 없다. 하지만 그 속내를 가만히 들여다보면 우리가 알지 못하는 많은 것들이 숨어 있다. 몇몇 유명 학자들의 이름에 가린 수많은 이들이 있다는 뜻이다. 전공 서적 한 권에는 대체로 수백 명의 이름이 등장한다. 하지만 그 책은 적어도 수만 명의 업적을 정리한 것이라고 할 수 있다. 생명과학의 지식은 절대 홀로 완성되지 않는다. 이름이 드러나든 그렇지 않든 생명과학이 인간과 자연의 참된 행복을 위해 발전해 가는 과정에 여러분도 소중한 한 사람으로 참여할 수 있기를 진심으로 바란다.

글 쓰는 과학자

장순근 박사를 표현하는 수식어들을 모아 보면 '원칙주의 과학자' '취재하는 과학자' '보고 듣는 것을 기록하고 이를 글로 쓰는 과학자' '청소년이 닮고 싶어 하는 과학자' '남극 월동대장 또는 남극 박사' 로, 끊임없이 새로운 세상과 만나기를 즐기는 열정적인 과학자입니다.

내게 과학이란

장순근 박사는 서울대학교 지질학과를 졸업하고 같은 대학에서 석사학위를 받은 다음 프랑스 보르도 1대학교에서 미고생물학을 연구해 박사학위를 받았습니다. 현재는 극지연구소 명예연구원으로 있습니다.

글쓴이의 책들로는 『남극의 영웅들』(창비, 1999), 『바다는 왜?』(지성사, 2000), 『망치를 든 지질학자』(가람기획, 2001), 『남극 탐험의 꿈』(사이언스북스, 2004), 『비글호 항해기』(가람기획, 2006; 번역서), 『땅속에서 과학이 숨쉰다』(가람기획, 2007), 『가자, 신비한 남극과 북극을 찾아서』(교학사, 2007), 『그 옛날 지구에는 누가 살았을까요?』(사계절출판사, 2009; 번역서), 『애튼버러가 들려주는 극지생물 이야기』(자음과모음, 2010), 『우리나라 최초 쇄빙선 북극 척치 해를 가다』(지성사, 2011), 『남극은 왜?』(지성사, 2011), 『펭귄은 왜 날지 못하나요?』(다섯수레, 2011; 번역서) 등이 있습니다.

"과학이란 무엇인가?"라는 질문에는 관련 직업에 종사하든 아니든 누구나 대답할 수 있을 것이다. 그만큼 과학이 중요하고, 모든 사람이 저마다 과학에 대한 의견을 가지고 있다고 봐도 좋다. 물론 여기에서 말하는 과학은 '자연과학'을 말한다. 사회과학이나 인문과학도 있지만, 여기에서는 범위를 좁혀 자연과학만 지칭한다.

'과학'을 한마디로 정의하면 '자연현상을 관찰하고, 기록하고, 규명하고, 해석하고, 예측하는 일'이다. 더 나아가 과학에는 순수과학과 응용과학이 있는데, 보통 전자를 이학^{理學}, 후자를 공학^{工學}이라고 한다. 순수과학은 자연현상 자체를 연구하고 원리를 규명해 현상을 해석하는 반면, 응용과학에서는 자연현상에서 규명된 원리를 응용해 인류의 삶에 이바지한다. '원리를 규명해 현상을 해석'하는 것이 이학의 요체이고, '인류의 삶에 이바지하는 것'이 공학의 핵심이다. 예를 들어, 인간이 만든 모든 섬유가 영하 60도 이하에서 부스러지는바 그 이유를 규명하는 연구가 순

수과학이고, 해당 온도에서 부스러지지 않는 섬유를 만드는 분야
가 응용과학이다.

　　이 글을 읽으며 느끼겠지만, 공학은 한마디로 무언가를 만들
고 짓기 때문에 그 결과를 눈으로 보고 손으로 만질 수 있다. 반
면 이학은 현상의 원리를 규명하고 해설해 그 결과를 논문으로
작성하기 때문에, 이를 읽어야 성취한 바를 이해할 수 있다. 따라
서 공학의 둘레에는 많은 사람이 모이는 반면, 이학에는 관심이
있는 몇몇 사람만이 모인다. 더 나아가 공학으로는 꽤 큰돈을 벌
수 있는 반면, 이학은 아무리 잘해도 돈과 거리가 멀다. 그러므로
공학은 기업에서 관심을 갖는 반면, 이학은 정부에서 관심을 가
져야 한다.

　　그러나 과학을 이학과 공학으로 쉽게 양분해서는 안 되는데,
모든 제품 생산의 바탕에는 원리가 있기 때문이다. 잘 알다시피
원리 없이는 제품이 나오기 힘들다. 한편 제품으로 이어지지 못
하는 원리는 불필요하다고 생각하기 쉽다. 그러나 어떤 원리가

언제 어떻게 쓰일지는 예측하기 힘들다. 따라서 지금 당장 쓰이지 않는 원리라고 해서 앞으로도 계속 쓰이지 않는 것은 아니다.

내가 공부한 과학 이야기

첫째, 바위를 연구하는 학문

'지질학'이라는 말을 처음 들은 것은 고등학교 3학년 말 응시할 대학교의 학과를 정할 때였다. 당시 담임선생님이 '지질학과는 지하자원을 개발하는 학과'이고 '우리나라에서는 젊은 학과'라고 말했던 것으로 기억한다. 그만큼 알려지지 않았다는 뜻이었을 게다. '지질학'이란 말을 두 번째 들은 것은 면접시험을 치를 때였다. 당시 면접 담당 교수는 두꺼운 지질학 원서를 내놓으며 첫 문장을 해석하라고 했다. 그때 지질학 원서를 처음 보았는데, 첫 문장이 "지질학은 바위를 연구하는 학문이다"였던 것을 지금도 기억한다. 그렇다! 지질학은 바위를 연구하는 학문이다.

험한 산봉우리는 모두 바위로 이루어져 있고, 땅바닥을 조금만 파도 바위가 나온다. 온 지구가 바위인 셈이다. 고로 지질학에서는 연구할 것이 아주 많다.

바위는 단순히 차갑고 단단한 무생물이 아니다. 바위는 그 자체의 조성造成뿐 아니라 그것이 놓인 지구의 역사를 말해 주는 체험자이자 목격자요, 증인이다. 바위는 자신을 만든 광물과 환경을 말하고, 자신과 함께 있었던 고생물의 흔적을 보여 주며, 자신이 만들어진 후 겪은 변화에 관해 이야기한다. 또 자기 주변의 바위보다 먼저 만들어졌는지 나중에 만들어졌는지를 보여 줌으로써 그 시대를 드러낸다. 더 나아가 바위 속에서는 석유가 나오고, 금·은·구리·백금·다이아몬드 같은 광물이 나온다. 집을 짓는 데 쓰이는 화강암도 바위이고, 미켈란젤로가 다윗을 조각한 대리석도 바위이며, 설악산의 오색약수도 바위에서 나온다.

바위 자체, 바위가 만들어진 환경, 바위 속에 있는 화석을 연구하는 분야는 정통 지질학(순수지질학)이다. 정통 지질학은 지구가 약 46억 년 전에 생긴 이래 겪은 변화를 연구한다. 그 변화는 둘로 나눌 수 있다. 첫째, 지구를 구성하는 물질 자체와 지구 내외부의 물성物性 변화가 있고, 둘째, 지구 위에서 일어난 변화가 있다. 첫째 분야에는 광물–암석학, 구조지질학, 조산운동·해저확장·판구조론을 포함한 지체구조학, 지구물리학, 지구화학 같은 분야가 있다. 해저확장海底擴張은 글자 그대로 바다 밑바닥이 넓어진다는 주장이고, 판구조론은 지각이 10여 개의 판으로 되어 있다는 학설이다. 둘째 분야는 지구 위에서 살다가 멸종한 수많은 고생물들과 그들의 생태에 관한 것이다. 화석의 주인공들은 지구 위에서 살았다는 점에서 매우 중요한 연구 대상이다.

한편 좀 더 우리 삶과 밀접한 분야를 연구하는 것이 응용지질학이다. 예를 들어, 금과 은이 바위 속에 있으니, 그것들을 찾으려면 당연히 바위와 친해져야 한다. 지하수도 마찬가지다. 또자동차가 지나갈 터널을 뚫는다면, 뚫기 전에 바위를 알아야 한다. 바위가 얼마나 단단한지, 어느 쪽으로 기울었는지, 어느 쪽으로 쉽게 깨지는지, 물이 흐르지는 않는지, 얼마나 두꺼운지를 포함해 여러 사실을 알아야 한다. 이를 모르고 공사하면 터널을 뚫기도 힘들지만, 준공한 후 지하수가 흘러나오거나 무너질 위험도 있다. 금과 은의 채광에 관한 것이 광상학이고, 지하수를 끌어올리는 일에 관한 것은 지하수학이며, 터널을 뚫는 것과 관련된 것은 지질공학이다.

덧붙이자면 지리학^{地理學, geograhy}과 지질학^{地質學, geology}을 혼동해서는 안 된다. 지리학은 이미 만들어진 지구의 상태를 설명하고, 그 위에 사람들이 모여 사는 방식을 연구하는 인문·사회 과학이다. 물론 자연지리학은 지질학과 조금 겹치지만, 이때도 자연과학이 차지하는 부분은 아주 작다. 반면 지질학은 앞에서 살펴본 것처럼 자연과학 그 자체다.

둘째, 고생물학과 미고생물학

고생물학^{古生物學}은 글자 그대로 아주 옛날, 곧 지질시대에 살았던 생물들을 연구하는 학문이다. 고생물들은 오늘날 더 이상 존재하지 않는다. 따라서 고생물학에서는 그 흔적인 화석으로 그들의 존재와 가치를 연구한다. 지질학이 지구의 변화를 연구하는 학문이라는 점에서, 고생물학은 앞에서 말한 대로 지질학을 떠받치는 주요한 두 기둥 가운데 하나다. 과거 지구에 어떤 생물들이 있었는지, 그들이 어떤 환경에서 어떻게 살았는지, 발달 과정은 어떠했는지, 왜 멸종했는지는 지질학의 주요 연구 과제다. 그들을 연구함으로써 고생물 자체는 물론이고 고생태와 고환경古環境을 알 수 있고, 그들이 죽은 뒤에 겪은 변화를 유추할 수도 있다. 더 나아가 그들의 화석을 연구함으로써 바위가 쌓인 시대를 알 수 있고, 멀리 떨어진 지층을 대조해 선후 관계를 가늠할 수도 있다.

고생물에는 잘 알다시피 크기 30미터에 이르는 공룡부터 현미경으로만 볼 수 있는 미생물까지 있다. 화석 전체를 보는 데 현미경이 필요한 경우는 미고생물학微古生物學이라 한다. 반면 공룡의 뼈 조직을 연구하려면 현미경이 필요하지만, 그렇다고 공룡을 연구하는 학문을 미고생물학이라고는 하지 않는다.

　미고생물학의 연구 대상은 개형충^{介形蟲} 같은 작은 절지동물이나 원생동물, 규조, 코코리스^{Cocolith}, 박테리아, 꽃가루처럼 아주 작은 생물체다. 나노플랑크톤^{nannoplankton}이라고도 부르는 코코리스는 세포 하나로 이루어진 해조류^{海藻類}로 500~1000배 확대해야 보인다. 원생동물에는 방산충, 유공충, 섬모충을 포함해 여러 부류가 있다. 이들은 모양도 다르지만 사는 환경과 시대도 달라, 각 부류별로 특별한 연구 가치가 있다. 예컨대, 유공충^{有孔蟲}은 단세포로 동글동글한 모양이며 고생대부터 오늘날까지 존재한다. 바다 밑바닥에 사는 저서^{底棲}유공충과 물 위에 떠서 사는 부유^{浮遊}유공충으로 나뉜다. 또 예전에는 작고 흰 바늘처럼 생겨 동물의 이빨로 여겨진 코노돈트^{Conodont}는 길이 10센티미터 정도의 원시척추동물인데, 온전한 형태를 발견한 것은 1980년대 들어서였다. 그러나 완전한 화석이 거의 나오지 않아, 미고생물학으로 취급한다.

셋째, 유공충

1961년 5·16 군사정변 이후 한국 지질학계는 아주 바빴다. 그다음 해부터 태백산 지구의 지하자원 탐사가 시작되었기 때문이다. 당시 국립지질조사소(지금의 한국지질자원연구소)와 지질학자들은 태백산 일대를 중심으로 금속 자원, 비금속 자원, 석탄, 석회석 같은 지하자원을 찾느라 정신을 못 차릴 정도로 분주했다. 한창 경제 개발을 서두를 때였으니 우리 땅의 지하자원을 그대로 둘 리 없었다. 그런 분위기가 1970년대까지 계속되는 바람에 당시 지질학과는 인기가 높았다. 또 지질학과에서 가장 관심을 끈 분야는 석탄 채굴과 광상학鑛床學이었다.

당시 대학원 석사 과정에서 유공충을 연구하게 된 동기는 두 가지였다. 먼저 석유를 탐사하는 데 유공충 연구가 반드시 필요하다는 이유 때문이었다. 1976년 초 박정희 대통령이 포항 부근에서 석유를 발견했다고 발표한 뒤, 우리 땅에서 석유가 나오리라는 기대감이 커진 시기였다(그 후 포항에서 발견한 석유는 석유가 매

장되어 있을 만한 지층에서 나온 것이 아니라고 밝혀졌으며, 처음 발견한 것
외에는 더 나오지도 않았다). 유공충은 작기 때문에 적은 양의 시료에
서도 많이 나오며, 바다에서만 살기 때문에 바다 환경을 이해하
거나 지층을 대조하고 지하구조를 알아 가는 데 큰 도움이 된다.
둘째 이유는 당시 유공충을 포함한 미고생물을 연구하는 사람이
아주 적었다는 점이다. 몇 사람을 손에 꼽을 수 있을 정도였다.
그러므로 유공충을 연구하면 장래에 여러 모로 가능성이 있다고
생각했다.

　지금은 세상을 떠난 김봉균 교수님의 지도를 받아 진도 앞바
다 퇴적물에 있는 유공충을 연구했다. 유공충의 크기는 1밀리미
터가 채 되지 않아 골라내기가 쉽지 않다. 가는 체에 거른 채로
씻은 다음 오븐에서 말린 뒤 현미경으로 들여다보며 가는 붓으로
일일이 골라낸다. 그러나 이 방법은 시간이 많이 걸리기 때문에,
처음에는 보통 중액重液(비중이 높은 무거운 액체)에 넣어 위로 뜨는
유공충을 모은다. 뜨지 않는 유공충도 있으므로 나중에는 결국

오븐에서 말린 퇴적물을 다 훑어봐야 한다. 사실 유공충을 제대로 연구하려면 산 것과 죽은 것을 구별해야 한다. 하지만 그때 연구했던 퇴적물은 당시 교통부 수로국水路局에서 채집한 것으로, 유공충이 모두 죽은 채로 원형질이 썩어 없어져, 산 것과 죽은 것을 구별할 필요가 없었다.

한편 석사학위로는 부족하다고 느낀 나는 바로 박사학위 과정에 들어갔다. 지금은 그렇지 않지만, 당시 대학원 과정은 유학을 가기 위한 대기실이었다. 나도 대학원에 적을 둔 채, 토플 시험과 지금은 없어진 유학 시험을 봐서 외국으로 떠나려 했다. 국사와 일반상식, 두 과목으로 된 유학 시험에서 떨어지면 유학을 갈 수 없었다. 국사도 어려웠지만 국가관國家觀을 주 내용으로 하는 일반상식은 더 어려워 보통 두 번 넘게 시험을 봐야 붙을 수 있었다. 그러던 어느 날 행운이 찾아왔다. 1976년 한국과학기술연구소KIST 부설 해양개발연구소에서 프랑스로 1년간 훈련을 보내는 '파불 훈련원 선발시험'에 합격한 것이다. 당시 해양개발연구소

이병돈 소장은 언젠가 해양개발연구소가 우리 바다에서 석유를 개발할 것이라고 믿었던 것으로 보인다. 그 준비 과정 가운데 하나로 파불 훈련원을 몇 사람 뽑은 것이다. 한편 당시 우리나라는 원자력발전 시스템을 프랑스 원자력발전소 설계회사 프라마톰과 알스톰에서 사들였고, 이에 따라 프랑스는 원자력·의학·해양학 분야에서 우리나라 젊은이들을 많이 데려가 훈련시켰다.

　프랑스 중부의 소도시 비시^{Vichy}에서 생활불어를 공부한 다음, 툴루즈^{Toulouse}로 가서 장학금을 받기 위해 장학생사무실에 갔을 때 놀라운 사실을 알게 되었다(장학금을 매월 10일에 주었다). 우리를 담당한 프랑스 여자가 '박사학위를 받을 때까지' 장학금을 지급할 거라고 말한 것이다. 뭔가 심상치 않아 다시 한 번 묻자, 그는 "지도교수가 중간 중간 확인은 하겠지만, 원칙적으로 박사학위를 받을 때까지 장학금을 줄 것"이라고 말했다. 천운이란 이런 경우를 두고 하는 말일까? 1년 훈련 과정으로만 알고 있었는데 그게 아니었다. 프랑스 정부가 방침을 바꿔 모두 박사학위까지

받도록 한 것이다. 1년짜리 단기 과정으로 알고 프랑스에 간 나는 결국 박사학위를 받을 때까지 공부할 수 있게 되었다. 인생의 여정에서 최고의 행운이 제 발로 찾아온 것이다. 내가 한 게 있다면, 공부를 했다는 것뿐이다.

당시 프랑스 정부장학생이 된 내게 박사학위는 인생의 지고지순한 절대 목표였다. 따라서 공부에 공부를 거듭한 끝에 1980년 말 꿈에 그리던 박사학위를 받을 수 있었다. 박사학위 논문의 주제는 '프랑스 앞바다 가스코뉴^{Gascogne} 만 굴착 자료의 부유유공충을 이용한 제3기 고생물층서학'이었다. 제3기란 신생대 전반으로 6550만 년 전부터 200만 년 전에 이르는 지질시대를 말한다. 화석이 된 부유유공충으로 지층의 지하구조를 해석하는 것이 주요 내용이었다.

석유는 아무 곳에나 있는 것이 아니라 지하 지질구조의 지배를 받는다. 따라서 지질구조를 파악하는 것이 석유 개발에서 아주 중요하다. 지진파의 굴절과 반사를 이용해 지질구조를 파악하

는 방법은 일종의 원격 탐사인 반면, 미고생물학이나 퇴적학은
직접 탐사이다.

유공충은 바다에서만 서식한다. 따라서 어떤 지층에서 유공
충이 나오면, 그 지층은 바다에서 쌓인 해성층海成層이다. 유공충의
한 부류인 부유유공충은 주로 넓은 바다의 표층에 떠서 산다. 그
러므로 부유유공충이 많으면 외해外海의 영향을 받았다는 증거다.
반면 어떤 지층에서 얕은 바다의 밑바닥에 서식하는 저서유공충
이 많아지면, 그 지층이 쌓인 곳은 얕은 곳이다.

석유회사에서 미고생물학자가 하는 일은 중요한 유공충을
감정하고, 이를 바탕으로 지질시대를 결정해 퇴적환경을 이해하
는 것이다. 따라서 시료를 처리하고 유공충을 골라내는 일은 보
조기술자들이 한다. 그러나 프랑스에서 학생 신분이었던 우리는
그 모든 과정을 스스로 해야만 했다. 아직 배우는 과정에 있는 학
생이었던 터라 불만이 있을 수 없었다. 실력 있는 미고생물학자
가 되기 위한 첫 단계였다. 당시 그곳에는 아랍, 아프리카, 남아

메리카, 아시아를 포함한 전 세계 각지에서 온 학생들이 있었다. 그 가운데 우리나라 학생들이 가장 열심히 했다고 생각하는데, 튀니지에서 온 한 친구는 "한국 정부가 국민들을 몰아치기 때문" 이라고 해석했다. 그 말이 맞을 것이다. 그때는 그런 때였다.

지금 생각하면, 프랑스 유학은 나로 하여금 학문과 새로운 세계에 눈뜨게 한 귀중하고 고마운 시간이었다. 그럼에도 다시 경험하고 싶지 않을 만큼 힘들고 서러운 시간이기도 했다. "젊어 고생은 사서 한다"고도 하지만, 피부·언어·문화가 다른 나라 에서 장학금과 약간의 수당만 받으며 학생 신분으로 살아간다는 것은 쉽지 않은 일이었다. 그래도 프랑스의 복지제도가 워낙 잘 되어 있는 터라, 출산 비용 면제에 산전·산후수당을 받으며 딸 과 아들이 태어났고, 주택 수당을 받아 깨끗한 아파트에서 살 수 있었다. 훗날에도 프랑스에서 공부한 덕을 톡톡히 봤다. 1985년 11월 칠레 산티아고에 처음 갔을 때 거리의 간판에 쓰인 단어를 보니 프랑스어와 비슷하고 어순이 같아 절반 이상 뜻을 알 수 있

었다. 잘 알겠지만 프랑스, 이탈리아, 스페인, 포르투갈, 루마니
아의 말은 라틴어를 바탕으로 하고 있어 매우 비슷하고 서로 쉽
게 통한다. 지금도 스페인어로 된 어렵지 않은 글은 사전만 있으
면 해독한다. 스페인어가 영어보다 훨씬 쉽다.

　프랑스에서 공부하는 동안, 해양개발연구소는 선박해양개발
연구소로 통폐합되었다가 해양연구소로 분리되었다. 연구소 이
름에서 '개발'이라는 단어가 없어져 개발 중심의 시대가 지나갔
음을 알 수 있다. 그만큼 우리의 의식이 나아졌다고도 생각할 수
있다. 당시 파불 훈련원들은 해양연구소가 분리·독립한 것을 다
들 기뻐했다. 한 유학생의 표현대로 "해양과 철판은 들어붙을 수
있는 게 아니다." 한편 이병돈 소장은 부소장이 되었다가 다시
소장으로 돌아왔다. 파불 훈련원들은 그가 부소장직에 있을 때도
마음속으로 그를 소장으로 받아들였다.

　1981년 초 귀국한 지 얼마 지나지 않아, 당시 과학기술처는
석유 탐사와 관련한 연구는 한국동력자원연구소(지금의 한국지질자

원연구원)에서 하기로 결정했다. 관련 연구를 계속 하고 싶으면 그리로 가라는 식이었다. 전공을 살리려면 그래야 했지만, 이미 해양연구소에서 나를 선발한데다 한국동력자원연구소는 왠지 정이 가지 않아 가지 않기로 했다. 그곳에 동문도 많았고 배울 점도 많았지만, 어쩐 일인지 마음이 내키지 않았다(결과론이지만 아주 잘한 결정이었다).

결국 나는 내 전공을 석유를 개발하는 데는 쓰지 못했다. 대신 내가 전공한 화석 부유유공충이 아닌 오늘날 바다 밑바닥에서 사는 현생 저서유공충을 연구했다. 연구 대상을 정반대로 바꾼 셈이라 개론부터 공부해야 했다. 현생 저서유공충을 연구할 때는 원형질을 물들이는 빨간 물감(흔히 '로즈 벵갈'이라 부름)으로 산 유공충과 죽은 유공충을 구별해야 한다('수단 블랙 B'라는 물감도 있지만 써 본 적이 없다). 또 유공충 껍데기를 중액으로 띄워 분리한 후 껍데기의 조직에 따라 크게 세 가지로 나눈다(화석 부유유공충은 그럴 필요가 없다).

1980년대에는 해양연구소의 연구 지역 중 하나였던 대부도, 경기만, 아산만 일대의 조간대潮間帶나 가까운 해저 퇴적물에 있는 저서유공충을 연구했다(조간대란 밀물에는 바닷물에 잠기고 썰물에는 뭍으로 드러나는 곳을 말한다). 또 해저 퇴적물 샘플이 형성된 광양만, 거제도, 지심도 부근 해저의 유공충도 연구했다. 나중에는 '해양환경도 작성연구' 프로젝트 덕분에 연구 지역이 서해에서 우리나라에 가까운 바다 전체에 이르게 되었다.

프랑스에서 공부할 당시 지도 교수는 "연구다운 연구는 15퍼센트 정도이고 나머지는 노동"이라고 말했는데, 시간이 흐르고 나서 그 말이 옳다는 것을 다시 한 번 절감했다. 말은 퇴적물 샘플 조사 연구라고 하지만, 알코올로 방부 처리한 진흙을 숟갈로 떠서 무게를 재고, 염료로 염색한 다음 저서 체에 거르며 씻고, 걸리는 것을 모아 말리고, 중액으로 띄워 뜨지 않는 유공충을 일일이 골라내는 준비 단계는 그야말로 노동 그 자체였다. 여기서 끝이 아니다. 그다음에는 250~300개 정도의 유공충을 일일이 감정해서 올바른 이름을 알아야 하고 그 숫자를 세어야 한다. 올바른 이름을 알려면 비슷한 환경에서 작성한 기존 논문들과 유공충 카탈로그가 필요하다. 유공충은 잘 알다시피 '생물'이라, 아무리 같은 종이라도 '인물'이 다 달라 신기하고 놀라웠다.

아무리 시간이 많이 들고 귀찮아도 할 일은 해야 한다. 석사학위를 받은 여성 연구원이 시간 싸움인 작업을 많이 도와주었지만 한계가 있었다. 결과를 정리하고 보고서와 논문을 작성하는 것은 당연히 모두 내 몫이었다. 그래도 젊은 시절의 에너지 덕분인지 그 모두를 열심히 해냈다.

유공충은 살아 있을 때는 생물이지만, 죽어서 껍데기만 남으면 모래알처럼 퇴적물이 된다. 그러므로 유공충의 산출은 파도의 힘을 보여준다. 예컨대, 조간대의 바닷가 바깥쪽에는 파도가 강해 꽤 무거운 빈껍데기와 바깥에서 밀려온 껍데기가 많은 반면, 펄이 많은 해안 쪽으로 가까이 올수록 그런 껍데기는 적어지고 살아 있는 유공충이 많아진다. 곧 물결의 힘이 약하고 펄이 많은 환경에서 사는 종이 있다는 뜻이다. 또 조간대는 변화가 큰 곳이라 유공충 몇 종이 대부분을 차지한다. 이들은 함께 살면서 특징 있는 군집을 이룬다.

서해 남쪽바다에서 얻은 길지 않은 시추시료에서 얻은 유공충은 재미있는 결과를 보여주었다(시추시료란 표면이 아니고 바다밑 바닥에서 뽑아 올린 시료를 말하며 과거부터 현재까지의 변화를 알 수 있는 시료). 먼저 부유유공충의 산출로 보아, 초기 홀로세에는 부유유공충이 많지 않아 외해의 영향이 크지 않았다('홀로세'란 마지막 지질시대로, 지금부터 1만 1700년 전까지를 말한다). 그러나 중기 홀로세에 들어서는 금강 하구 가까운 곳에서도 부유유공충이 나와 그곳까지 외해의 영향이 있었다. 그 후 외해의 영향력은 적어져 현재 남서해안 먼 곳으로 줄어들었다. 또 해안으로 가까이 올수록 부유유공충은 적게 나와 그 영향은 점점 적어졌다. 곧 부유유공충은 해안 가까운 얕은 바다에서는 살지 않는다는 뜻이다.

처음에는 연구 지역에 있는 저서유공충의 분포와 조성을 위

주로 한 산출 상태에 초점을 맞추다가, 연구 지역이 넓어지자 그 지역 전체에서 이해할 수 있는 내용을 주로 연구했다. 배운 것이 지질학이고 미고생물학인지라 저서유공충의 생물 측면보다는 그것을 퇴적물의 일종으로 본 지질 측면이 주요한 내용을 이루었다. 조간대와 서해처럼 얕은 바다에서는 저서유공충의 껍데기가 많이 나온다.

넷째, 극지 연구

해양연구소에 있을 때, 관심의 방향을 바꿀 일이 생겼다. 1985년 11~12월에 한국남극관측탐험대의 지질학자로 참가한 것이다. 이 탐험은, 1978~1979년 박정희 대통령의 뜻에 따라 시작한 남빙양크릴시험어획과 일반해양조사와는 완전히 다른 남극대륙 탐험으로, 탐험대 두 팀 가운데 하나는 남극 최고봉인 빈슨 매시프를 등정했다. 이 탐험은 정부가 주관한 게 아니라 민간단체인 한국해양소년단연맹과 문화방송이 주관했다는 점에서도 시사하는 바가 컸다. 당시 해양연구소에서는 현재 강릉대학교 교수인 대기과학자 최효 박사와 지질학자인 나를 그 탐험에 참가시켰다. 이 탐험에 참가하면서 새로운 세계를 만났다.

그 후 우리나라는 1986년 11월 남극조약에 가입했다. 다음 해 초, 당시 외무부가 조약 가입 사실을 보고하며 남극 연구의 중요성을 설명하자, 전두환 대통령이 곧 기지 건설을 지시했다. 이에 따라 그해 4~5월에는 킹 조지 섬을 중심으로 남극 기지 후보지를 답사했다. 당시 답사단 8명은 남극 칠레 기지에 머물며, 칠레 기지의 헬리콥터나 러시아 기지의 설상차를 타고 후보지를 답사했다. 이후 후보지 답사 기록을 공식적으로 남기고자 이를 정리해 송원오 답사단장과 함께 발표했다. 잘 알다시피 기록이 있는 것과 없는 것의 차이는 아주 크다.

해양연구소가 남극에 관심을 기울이면서 무엇보다도 남극과 세종기지 주변의 지질과 생물에 호기심이 생겼다(극지에 관심을 가지면서 당연히 미고생물을 연구할 기회는 적어졌다). 먼저 남극의 자연환경과 생태계를 소개하는 책들을 읽어 남극을 배우기 시작했다. 남극은 완전히 새로운 연구 지역이 되었다. 기지 부근에서 눈에 띄는 펭귄 하나하나, 바닷가의 돌멩이 하나하나가 새로웠다.

남극에 대한 눈을 뜨면서, 먼저 전공과 가장 가까운 남극대륙의 일반지질과 지하자원을 소개하는 논문을 썼다(지질학자에게 가장 기본이 되는 것은 일반지질학과 지하자원이다). 연구하는 사람들은 잘 아는 사실이지만, 과거의 연구 결과를 정리하는 것도 쉬운 일이 아니다. 최근까지 발간된 논문들을 읽고 그중 이론에 가장 부합하는 내용을 골라 다시 정리해 쓰는 일이 녹록치 않았다. 사실 굳이 그런 글을 쓰지 않아도 됐지만, 그렇게 한 까닭은 연구소에서 그 일을 할 사람이 나밖에 없다고 해도 과언이 아니었기 때문이다.

또한 나는 고래를 소개하기도 했다. 한국지구과학회의 원로 회원이 고래를 다뤄 보면 어떻겠느냐고 제안함에 따라, 차근차근 고래의 진화를 공부해 소개했다. 직접 내게 부탁한데다가 새로운 것을 공부할 수 있는 기회였기 때문에 거절할 이유가 없었다.

내 연구 대상은 남극에 국한되지 않았다. 기지와 기지 부근의 자연환경도 소개했는데, 먼저 기지 부근의 항공사진에서 눈에 띈 빙벽의 후퇴를 논문으로 발표했다. 1950년대에는 기지 앞바다인 마리안 소만의 동쪽으로 상당히 나와 있던 빙벽이 시간이 흐르면서 후퇴하는 게 뚜렷이 보였다. 기온과 수온이 올라가면서 무너져 내린 것이다. 세종기지가 있는 지점의 온도는 10년에 섭씨 0.6도 상승한다는 것이 기상학자들의 연구 결과다. 물론 세종기지가 준공된 지 20년 조금 넘었을 뿐이므로 장기간의 기온 변화를 논하기에는 관측 기간이 너무 짧지만, 사실에서 크게 벗어나지 않으리라 믿는다.

나아가 남극 세종기지에서 겨울을 넘기며 목격한 신기한 현상들을 발표했다. 예컨대, 남극의 지면에는 풀과 나무가 없어, 우리나라의 지면과 달리 쉽게 깎인다. 표면을 덮은 눈과 얼음이 녹으면서 씻겨 나가기 때문이다. 그 결과 기둥이나 주춧돌이 가라앉으면서 송유관이 공중에 뜨거나 컨테이너가 땅 위로 뜨기도 한다. 또 서릿발 때문에 땅속에 묻어 둔 물체들이 솟아나기도 한다. 당연한 말이겠지만, 서릿발이 녹는다고 해서 그 물체들이 다시 제자리로 돌아가지는 못한다. 이른 봄에 보리밭을 밟는 것을 생각하면 쉽게 이해된다.

또 기지 주변에서 서식하는 펭귄을 포함한 조류^{鳥類}를 소개했다. 펭귄들이 기지 남쪽에 있는 군서지로 돌아갈 때까지 그들의 생활을 설명하고 해석했다. 남극반도 일대가 더워지면서, 기지 부근에 나타났던 6종의 펭귄 가운데 황제펭귄은 다시 나타나지 않을 것으로 보이며, 킹펭귄은 더욱 자주 나타날 것으로 보인다. 남극반도 서쪽에 있는 단 하나의 황제펭귄 군서지였던 디옹^{Dillon} 군도에서 최근 단 한 마리의 황제펭귄도 발견되지 않았다는 소식을 들었기 때문이다. 1948년 처음 발견되었을 때는 150쌍 넘는 황제펭귄이 있었지만, 2000년 겨울에는 9쌍으로 줄었다가 그마저 이제는 보이지 않는다고 한다.

킹 조지 섬은 화산섬으로, 주로 안산암 · 응회암 · 현무암 같은 화산암 지층으로 되어 있다. 또 화산재와 진흙이 쌓인 지층이 아주 얇게 분포한다. 그 층에서는 드물게 너도밤나무를 비롯한 식물 몇 종의 화석이 나온다. 한편 섬 중앙 남쪽 해안에서는 바다에 사는 생물들의 화석이 많이 나오지만 채집할 기회가 없었다.

완전히 새로운 지역인 남극을 공부하고 경험하면서 신기한 사실들을 알게 되었다. 예를 들어, 남극물개에 관한 것이다. 곧 1988년 2월 초부터 다음 해 2월 초까지 남극 세종기지에서 1차 월동을 하면서 알게 되었는데, 사실 지금 생각하면 마땅히 알고 있어야 할 남극물개의 기본 습성이다. 바다에 사는 물개에게 산은 생활 터전이 아니다. 따라서 물개를 관찰할 때는 사람이 산 쪽에 서서 봄으로써 물개가 바다로 달아날 길을 터 주어야 한다. 만약 사람이 바다 쪽에 서면, 물개는 자신이 포위되었다고 생각한다. 문제는 이때 물개가 자기보호 본능에 따라 무척 사나워져 공격할 수 있다는 것이다. 이 사실을 몰랐던 독일의 한 TV 사진기자는 1989년 2월 남극물개에게 무릎을 물려 칠레 본토로 수송되었다고 한다. 킹 조지 섬에 있는 칠레 기지의 병원에는 그에게 수혈할 혈액이 없었기 때문이다.

또 남극물개의 송곳니는 손바닥에 그으면 하얀 줄이 생길 정도로 뾰족하다는 것도 알았다. 실제 위아래의 송곳니들은 서로 닿으면서 닳아 뚜렷한 골이 파여 있다. 물개의 이빨 표면도 아주 단단한 법랑질琺瑯質로 되어 있을 터인데, 그렇게 닳을 정도라면 턱 힘이 대단하다는 것을 알 수 있다. 그런 이빨에 물린다면 어떤 동물이든지 빠져나가지 못할 것이다. 한편 남극물개와 해표는 그 모습과 행동에서 약간의 차이가 있지만, 전체는 모두 유선형 몸매에 지느러미가 있어 비슷하다. 그것은 이들이 비슷한 환경에서 살며 적응한 결과다.

이빨고래에 대한 흥미로운 사실도 알았다. 이빨고래의 머리뼈는 대칭이 아니라는 점이다. 동물에게 가장 중요한 기관의 하나인 머리뼈가 비대칭이라는 것은 믿을 수 없는 일이지만, 이빨고래에게서는 엄연한 사실이다. 땅에서 살다가 생활 터전을 바꾼 이빨고래가 바다에 적응하면서, 머리를 만드는 뼈들이 길어지거나 짧아지고, 커지거나 작아지고, 두꺼워지거나 얇아지면서 좌우가 달라졌던 것이다.

남극기지에서 배운 것이 이것저것 많지만, 또 하나 빼놓을 수 없는 게 바로 글쓰기다. 글은 기록으로 남는다는 점에서 말과는 다른 특징이 있다. 두 번째 월동(1990년 11월~1992년 1월)을 시작한 1990년 말 우연히 글을 써 보자 마음먹고 원고지를 펼쳤다. 이를 계기로 나중에는 화석−지질학, 지구과학, 남극에 관한 글을 쓰기 시작했다. 국민의 세금으로 연구하면서 자신이 하는 일을 국민에게 알리는 것도 연구원이 해야 할 일 가운데 하나라는 생각이 들었다.

글쓰기와 더불어 번역에도 뛰어들었다. 찰스 다윈의 『비글호 항해기』The Voyage of the *Beagle* 번역이었는데, 이를 통해 개인으로도 배운 것이 참 많다. 번역도 번역이지만 다윈과 항해에 관한 공부를 엄청나게 했다. 예컨대, 항해기에 있는 박물학 지식은 물론이

거니와 남아메리카의 역사, 문물, 항해사, 세계사에 관해 새로운 눈을 뜨게 되었다. 또 다윈 집안을 비롯해 당시 사람들의 의식과 사회에 관한 내용도 아주 신기했다. 나아가 다윈이 대단히 위대한 인물이며, 그런 사람 덕분에 영국은 물론 인류 역시 발전해 왔다는 것을 피부로 느꼈다. 2차 월동에서 번역한 항해기를 네 번째 월동(2000년 11월~2001년 12월) 기간 동안 다시 정성 들여 다듬어 2006년 8월에 발간했다. 도서출판 가람기획에서 발간한 이 신완역본은 1993년 8월 전파과학사에서 내놓은 원전완역본보다 107쪽이나 많은데, 늘어난 분량 대부분은 그동안 공부한 내용들로 채웠다(최근 도서출판 리젬에서 다시 내기로 했다).

논문도 일종의 글쓰기이며, 글쓰기는 버릇인바 한번 손에서 놓으면 되돌아가기가 쉽지 않다. 연구도 마찬가지여서 한번 손에서 놓으면 다시 실행하기가 어렵다. 그래도 글 쓰는 습관이 든 덕분에, 남극에 관한 내용들을 논문으로 정리해 국내 학회지에 몇 차례 발표했다. 논문의 수준이 높아서라기보다는 꼭 소개할 필요가 있다고 생각했기 때문이다. 한편 내게는 유공충 연구에 대한 미련도 남아 있었다. 그래서 지금의 한국지질자원연구원에 있는 연구원과 함께 우리나라 서해의 유공충에 관한 논문을 썼다. 과거의 논문들을 훑어보고 새로운 연구내용을 제안하는 논문이었다. 결론에서는 정밀한 지구화학 연구, 퇴적학과 연결된 연구, 환경 문제에서 유공충의 연구, 생물학 측면에 초점을 둔 유공충 연구를 포함해 지금까지 제대로 실행해 오지 못한 연구의 중요성을 강조했다.

남극기지 부근의 지질을 정리해 발표하기도 했다. 또한 2008년 남극 세종기지 준공 20주년을 맞아 극지연구소가 발간한 『남극 세종기지 20년사』를 책임지고 편집했다. 나아가 찰스 다윈 탄생 200주년인 2009년에는 그를 기리는 논문을 대한지질학회지에 기고했다. 이어서 2010년에는 한국행정연구원이 광복 60주년의 업적을 영어로 소개하는 547쪽 분량의 저술(『KOREA From Rags to Riches』)에 우리나라의 극지 연구 현황을 기고했다.

다섯째, 남이 하지 않는 공부

남극 연구를 하는 동안, 다른 이들이 하지 않는 일을 했다. 그 가운데 하나가 생물 수집이었다. 남극에 있는 동물들은 연구용이나 전시용으로 한두 마리 정도 잡을 수 있다. 상업적 목적으로 수백 수천 마리씩 포획하는 것은 금지되어 있다.

내가 생각한 것은 어린이들을 위한 표본 수집이었다. 아무래도 우리나라 어린이들은 남극의 생물들을 사진이나 그림으로만 보았을 터였다. 따라서 아이들에게 생생한 표본을 보여 주기 위해 동식물을 채집했다. 먼저 1차 월동 시기인 1988년 3월에 남극 물개 한 마리를 잡았다. 그 후에도 크랩이터 해표[crab-eater seal]를 비롯해 스노 페트렐[snow petrel], 핀타도 페트렐[pintado petrel] 같은 새들을 잡았으며, 스쿠아[skua]와 자이언트 페트렐[giant petrel]의 사체를 수거했다(사체가 썩게 내버려 두는 것보다는 박제를 만드는 것이 낫다). 4차 월동에서는 중국 기지 부근에서 웨델 해표[Weddell seal] 어미와 새끼의 사체를 수거해 가죽을 벗겨 소금에 절였다(이들은 현재 서대문자연사박물관에 박제되어 있다).

또 해안에 굴러다니는 동물들의 깨끗한 머리뼈도 주워 왔다. 죽은 동물의 뼈라고 무섭다거나 더럽다고 생각할 필요는 없다. 우리나라에서는 구할 수 없는 좋은 표본이자 귀중한 연구 재료다 (호랑이는 죽어서 가죽을 남기고 물개는 죽어서 두개골을 남긴다). 두개골을 모으면서 덤으로 알게 된 사실도 있다. 포유동물의 두개골은 모양이나 크기는 달라도 같은 뼈들로 구성되었다는 것이다. 이는 척추동물 골격의 기본 원리 가운데 하나다(학생 시절에 배워야 했지만 그러지 못했다).

나아가 국내외로 출장을 갈 때마다 모래도 모았다. 보통 사람들에게는 그저 하찮은 모래에 불과할지 모르지만, 관심을 가지면 좋은 연구 재료이자 표본이다. 모래는 모암母巖이 풍화하고 침식한 결과다. 연갈색 가는 모래, 설탕처럼 하얗고 고운 모래, 검은 현무암 조각 모래는 각각 그들을 만들어 낸 재료와 바다와 물결이 다르다. 당시 모래를 전부 서대문자연사박물관에 주었으나, 이러저러한 이유로 전시는 하지 못했다.

한편 우리나라에서 처음 만든 쇄빙선이 2010년 여름 북극으로 첫 항해에 나섰다. 7월 1일 인천을 떠나 8월 25일 부산으로 돌아왔는데, 나 역시 극지연구소의 지원을 받아 이 배에 승선했다. 당시 알래스카의 항구도시 놈에서 숙박한 이틀을 빼고는, 배에서 먹고 자며 북태평양, 베링 해, 북극 척치 해를 구경했다. 여름의 북태평양은 고요하다고 하는데, 과연 파도다운 파도 한번 만나지 않았고 덕분에 멀미도 하지 않았다. 험하기로 유명한 베링 해에서도 괜찮았다.

우리나라가 북극에 쇄빙선을 보낼 정도가 되었다는 것은 감격스럽고 자랑스러운 일이었다. 하얗게 얼어붙은 빙해米海 한가운데를 달리는 빨간 쇄빙선은 실제로 국력의 상징이다. 나라가 힘이 없으면 그런 배를 내보내지 못한다! 햇빛에 녹아 아름다운 도형을 만드는 북극 빙해와 알래스카의 인적 없고 황량한 대자연이 그토록 아름다운지 처음 알았다. 또 베링 해협 한가운데에 두 개

의 섬이 있다는 것도 처음 알았고, 그중 하나는 미국령, 다른 하
나는 러시아령이라는 것도 그때 알았다. 이 항해에서 만난 외국
사람들 덕분에 남극·북극·알래스카에 관한 상식이 늘었고, 그
들 역시 우리와 같은 사람이며, 음식과 언어와 문화가 다른 타향
에서 조국을 사랑하는 마음으로 애쓰고 있다는 것을 알았다.

이후 항해 기록을 정리해『우리나라 최초의 쇄빙선 북극 척
치 해를 가다』라는 자그마한 항해기를 냈다. 우리나라의 그 어느
기관이라도 그곳의 연구선이 첫 항해를 한다면, 이를 기록으로
남길 필요가 있다고 굳게 믿는다. 글쓰기가 쉽지 않고 글 쓰는 사
람이 많지 않아 이를 중요하게 생각하지 않는 경향이 있지만, 잘
알다시피 인류의 역사는 문자 기록의 유무로 역사시대와 선사시
대로 나뉜다. 그만큼 기록은 중요하다.

2012년 1월 중순부터 한 달 동안은 노르웨이령 북극 스발바
르 군도 스피츠베르겐 섬 니알슨에 있는 다산기지에서 극야極夜
체험을 했다. 2014년 3월 동남극 빅토리아랜드 테라노바 베이에

장보고기지가 준공될 예정인데, 그곳은 극야가 95일이라 이를 잘 넘길 지혜가 필요하기 때문이다.

여섯째, 과거를 돌아보면

젊은 시절 외국에서 고생하며 우리나라에는 드문 전공을 공부했지만, 여러 이유로 그것을 이어 가지는 못했다. 그 점에서는 불운했다. 사실 앞에서 말한 것처럼 과학이란 자연현상을 밝히는 것인데, 같은 계통에서 비슷한 대상을 갖고 조금 연구하다가 그마저도 제대로 완결하지 못했다.

몇 가지 이유가 있다. 그중 하나는 당시 현실에서 전공 연구에만 몰두하기 힘들었다는 점이다. 지금은 많이 달라졌지만, 당시 우리나라 미고생물학계를 포함한 과학계의 연구 인구는 전공이 아닌 다른 연구와 일을 할 수밖에 없었다. 이해하기 어렵다고 반문할 수도 있지만, 당시에는 그런 일을 하지 않을 수 없었다. 과학자라 해도 연구만 하는 게 아니라 몸담은 기관이 요구하는 일도 해야 했다.

그마나 과학을 배우고 연구했기에 그와 관련한 내용들을 세상에 발표하고 소개할 수 있었다. 물론 그런 일마저 하지 않고 직장생활을 계속할 수도 있었을 것이다. 그러나 그렇게 하지 않은 것이 나로서는 정말 다행스러운 일이다.

어쩌면 글머리에서 말한 과학의 정의는 한 분야에서 마지막까지 열정을 다해 연구할 때 적용할 수 있는 것인지도 모른다. 바로 순수한 의미에서의 과학이다. 하지만 현실 세계에서는 여러 이유로 마지막까지 그 일을 수행해 내지 못할 수도 있다. 그렇다고 그것이 과학이 아닌 것은 아니다. 과학 그 자체는 아니더라도, 과학 관련 분야에서 과학자가 일할 때 가장 좋은 결과를 이끌어 낼 수 있다. 그런 점에서 과학자가 과학만 하는 것은 아니다.

이제는 시대가 달라져 거의 모든 분야에서 과학자가 연구에만 몰두할 때 자신의 위치를 제대로 찾을 수 있게 되었다. 그런 점에서 우리나라의 과학은 발전했다.

이야기로 과학을 푸는 과학자

권오길

권오길 교수는 '전설의 생물 선생님' '달팽이 박사' '과학 전도사' '유 쾌·통쾌한 과학자' '대중과 소통하는 과학자' 라는 말들이 잘 어울리는, 과학을 재밌는 이야기로 풀어 주는 과학자입니다.

과학이란

권오길 교수는 서울대학교 생물학과 및 동 대학원을 졸업한 후, 수도여고, 경기고, 서울사대부고 교사를 하면서 패류분류학으로 박사학위를 받았습니다. 그리고 강원대학교 생명과학과 교수로 재직했으며, 현재는 강원대학교 명예교수로 있으면서 텃밭을 가꾸며 글쓰기를 즐기고 있습니다.

글쓴이의 책들로는 『한국 동식물 도감』〔제32권 동물 편(연체동물 I)〕(문교부, 1982), 『꿈꾸는 달팽이』(지성사, 1994), 『인체 기행』(지성사, 1994), 『생물의 죽살이』(지성사, 1995), 『생물의 다살이』(지성사, 1996), 『개눈과 틀니』(지성사, 1997), 『바다를 건너는 달팽이』(지성사, 1998), 『하늘을 나는 달팽이』(지성사, 1999), 『생물의 애옥살이』(지성사, 2001), 『달팽이』(지성사, 2002), 『열목어 눈에는 열이 없다』(지성사, 2003), 『바람에 실려 온 페니실린』(지성사, 2004), 『달과 팽이』(지성사, 2005), 『흙에도 뭇 생명이…』(지성사, 2009), 『갯벌에도 뭇 생명이…』(지성사, 2011), 『어린 과학자를 위한 몸 이야기』(봄나무, 2011), 『권오길 교수가 들려주는 생물의 섹스 이야기』(살림, 2011), 『강에도 뭇 생명이…』(지성사, 2012) 등이 있습니다.

마리 퀴리$^{\text{Marie Curie}}$는 두 번째 노벨상을 받은 후 기자회견에서 다음과 같은 요지의 발언을 했다. "과학자는 호기심으로 가득 찬 어린아이의 눈과 정복자의 모험심을 갖고 있어야 한다." 맞는 말이다. 뉴턴이 떨어진 사과를 아무 생각 없이 주워 먹기만 했다면, 또 에디슨에게 알을 품어 보는 어린아이의 순진함이 없었다면 그렇게 큰 업적을 남기지 못했을 것이다.

퀴리는 1903년에 남편 피에르 퀴리$^{\text{Pierre Curie}}$와 함께 첫 번째 노벨상(물리학)을 받았고, 1911년에는 라듐을 분리해 두 번째 노벨상(화학)을 받았다. 부부가 함께 라듐 연구에 일생을 바쳤고, 그것이 의학 분야에 없어서는 안 될 엑스레이 기술의 모태가 되었으니, 인류에게 얼마나 큰 공헌을 했는가. 두 딸(이렌 퀴리와 이브 퀴리) 역시 많은 일을 했으니, 이것이 퀴리 집안이다.

그러면 '과학'이란 무엇이며, 과학을 한다는 것은 어떤 것일까? '생활의 과학화, 과학의 생활화'라는 말이 있다. 우리의 삶 자체가 과학적이어야 하고, 늘 과학적인 생각을 하며 살아가야 한다는 뜻이다.

　과학을 너무 어렵게 생각할 필요는 없다. 순수한 의미의 과학은 자연 속에 숨어 있는 것을 찾아내는 일을 말한다. 이 수수께끼를 풀려면 무엇보다 자연에 흥미를 가져야 한다. 호기심 가득한 눈으로 자연을 들여다봐야 한다는 뜻이다. '사과가 떨어지는 까닭은 무엇일까?'라는 의문을 갖지 않았다면, 지구가 당기는 힘을 갖고 있다는 사실을 발견할 수 없었을 것이다. 그러나 과학이 이룬 많은 업적은 '우연히' 이루어졌다는 말이 있다. 뉴턴도 떨어진 사과를 주워서 바지에 쓱쓱 문질러 먹은 일이 더 많았을 것이다. 그러다 어느 날 우연히 '그런데 저게 왜 떨어지지?' 하는 강한 의문을 갖게 되었을 것이다.

　호기심이란 주변에서 일어나는 작은 일도 '원래 그렇겠지' 하고 지나치는 게 아니라 '왜'라고 의문하는 것을 말한다. 만일 어린아이처럼 모든 것이 신기하고, 새롭고, 흥미로워 보인다면 스스로 질문하고 자료를 뒤져 풀려 할 것이다.

그런데 요즘 학생들은 주변 일들에 너무 무관심하다. 또 '왜'라는 의문 없이 보고 배운 것을 그대로 받아들인다. 내가 강의시간에 던지는 첫 질문은 파리의 날개가 몇 개냐는 것인데, 의외로 정답을 내놓는 사람이 없는 것을 보고 매우 놀랐다. 뛰듯이 기고, 기면서 뛰는, 날개 없는 파리를 수없이 봤을 터인데도, 눈에 안 보이는 DNA와 ATP는 달달 외워 잘 아는 학생들이 파리 날개가 몇 장인지는 모른다. 바닥부터 철저히 가르쳐야겠다는 것을 새삼 느낀다. 네 장이라고 답한 학생이 있는데, 그 학생의 주장은 곤충의 날개가 네 장이고 파리도 곤충이니 마찬가지일 거라는 것이다. 거의 대부분의 학생들이 이렇게 사고한다.

과학은 "백 번 들어도 한 번 보는 것만 못하다百聞而不如一見"라는 말이 그대로 적용되는 분야다. 우선 관찰해야 한다. 그러나 과학은 '백 번 보아도 한 번 듣는 것만 못한百見而不如一聞' 속성도 가지고 있다. 파리 날개가 네 장이라는 대답은, 파리를 백 번 보았으나 눈으로만 보았지 마음으로(의문을 품고) 보지 않았다는 증거다.

　파리 날개는 '실제로는' 두 장이다. 여기서 '실제로는' 이라고 말한 이유는, 파리 역시 곤충이기 때문에 처음에는 네 장이었으나 진짜 날개는 두 장이고 나머지는 퇴화했기 때문이다. 퇴화된 두 장은 '평형곤平衡棍' 이라 하여 몸의 평형을 담당하는데, 날개를 뗀 파리에게서도 '잉' 하는 날갯짓 소리가 약하게 나는 까닭은 작은 평형곤이 떨기 때문이다. '보는 눈' 이 아니라 '찾는 눈' 을 가져야 한다.

　또 다른 질문을 던져 보자. 백 원짜리 동전 가장자리의 점은 몇 개일까? 학생들은 그제야 주머니에서 동전을 꺼내 헤아려 보느라 부산을 떤다. 지금까지 동전은 그저 동전이었을 뿐 그 이상의 의미는 없었기 때문이다.

　다음 질문은 세종대왕은 몇 살까지 살았는가 하는 것이다. 국사 시간은 아니지만 만 원짜리 지폐를 수없이 만져 봤을 테니 조금만 관심을 가졌다면 알았을 일이다.

　연이은 질문이 학생들을 어지럽게 만든다. 연탄의 구멍은 몇 개인가? 지금은 기름과 가스가 널리 쓰이지만 얼마 전만 해도 연탄을 많이 썼다. 그러니 학생들 모두 연탄과 무관하지 않고, 길가에 쌓아 놓은 연탄재를 발로 차기도 했을 것이다. 그래도 한두 사람은 정답을 말한다. 그렇지만 이들이 자연과학을 전공하겠다는 학생들이라는 데 문제의 심각성이 있다. 연탄 중앙에 구멍이 하나 있고, 그 둘레에 일곱 개, 또 그 둘레에 7의 배수에 해당하는 구멍이 있다. 그렇다면 연탄의 무게는 얼마나 될까? 연탄재의 무게는? 그래서 그 차이는? 무궁화 꽃잎은 몇 개냐는 이야기까지 하다 보면 90분이 눈 깜짝할 새 지나간다.

　모 대학교 학생들을 대상으로 한 조사에서, 새를 그려 보라는 질문에 다리를 네 개 그린 학생이 10퍼센트를 넘었다고 한다. 파리를 그리라고 했다면 거의 모두 잠자리를 그려 놓을 것이 불 보듯 뻔하다. 그러나 독서는 물론이고 관찰의 기회조차 갖지 못했던 것이 그들만의 책임은 아니다. 아이들은 모두 어른들의 작품(산물)이기 때문이다. 아이들이 먹물 대신 맹물이 든 머리와 탁

하게 흐려진 눈을 갖게 된 것은 모두 어른들의 책임이다.

과학의 산물은 모두가 자연의 모방이다. 자연을 잘 관찰하고 연구한 결과 얻은 것들이다. '잠자리 비행기' '고래 잠수함' '사람 로봇' '지렁이 컴퓨터'라는 말이 있다. 헬리콥터가 어떻게 잠자리처럼 비행할 수 있을까? 이는 대단한 지혜다. 사람은 하늘을 날고 싶었고, 빠르게 달리고 싶었다. 달리는 차의 기어를 바꾸는 것이 번거로워 자동변속 기어를 만들었고, 사진기에서 빛과 거리를 조절하는 것이 힘들어 누르기만 하면 되는 자동카메라를 만들었다. 달나라에 가는 것도 이제는 더 이상 꿈이 아니지 않은가. 모두가 의문을 갖고 어떻게 하면 될까 골몰한 결과다. '왜Why'라는 의문을 갖는 것도 중요하지만, '어떻게How' 할까를 궁리하는 것 또한 과학을 할 때 매우 중요한 태도다. '어떻게'는 '왜'의 연장선상에서 이루어져야 한다.

그런데 아이들은 아무래도 부모의 영향을 가장 크게 받는다. 앞에서 말한 퀴리 집안도 그렇고, 핼리 혜성을 발견한 에드

먼드 핼리Edmund Halley의 집안도 마찬가지다. 핼리의 아들은 물론이고 손자까지 망원경으로 할아버지의 별이 지구 가까이 오는 것을 관찰하고 있는데, 이것이 학문의 가계성이다. 손자, 증손, 현손이 선조의 연구를 계속하는 모습은 아름답기까지 하다. 우리나라는 근대과학의 역사가 짧아 이제 겨우 2대나 3대에 접어들었을 뿐이다. 물론 우리 생물학계에도 아버지의 업(전공)을 그대로 이어받아, 퇴임한 아버지의 자리(대학)에서 같은 연구를 하는 경우가 있다.

미쳐야 뭔가를 이룰 수 있다. 미친놈이 많은 세상이 살맛 나는 세상이다. 뭔가에 미친 사람은 멋진 사람이다. 멋진 놈이 많은 세상이 살맛 나는 세상이다. 평범한 생각, 평범한 삶은 아무런 멋도 맛도 없다. 평범한 스승은 그저 평범한 제자만 키운다. 그러니 스승부터 미쳐야 한다. 하나에 미쳐 지내는 스승에게서 제자들은 미친다는 것의 의미를 배운다. 예술, 문학, 철학, 과학 모두 마찬가지다. 뭔가에 미친 사람들에게는 칼 같은 결단력과 소처럼 도

전하는 힘이 있고, 얼음 같은 냉철함과 무구한 순진함이 있으며,
하나면 하나지 둘이 아닌 단순함과 한다면 하는 과단성이 있다.
이것이 과학자의 특성이기도 하다.

그러나 과학만능주의에는 큰 위험이 도사리고 있다. 과학은
결국 자연을 대상으로 하는 '물질과학'인 것이다. '과학'만을 외
치며 가르치고 키운 수많은 머저리들을 보라. 물질만능주의에 젖
어 결국 정신의 고갈을 초래하지 않았는가. 물질만능은 곧 황금
만능으로 통하고, 돈은 자본주의 사상의 모태다. 미국 생활을 경
험한 솔제니친^{Aleksandr Solzhenitsyn}은 자본주의 국가에서 벌어지는 '영혼
의 죽음'을 걱정했다. 돈이면 다 된다는 알량한 생각은 과학만능
주의가 배설한 노폐물이다. 그래서 언젠가는 과학이라는 가당찮
은 괴물이 지구를 해코지하고 통째로 삼킬 날이 올 것이다. '과
학의 공해'가 마냥 걱정스럽다.

과학은?

이덕환, 김웅서, 김성호, 장순근, 권오길, 이들이 얘기하는 과학이란

2012년 5월 14일 초판 1쇄 발행
지은이 이덕환, 김웅서, 김성호, 장순근, 권오길

펴낸이 이원중 교정교열 이준호 디자인 정애경
펴낸곳 지성사 출판등록일 1993년 12월 9일 등록번호 제10 – 916호
주소 (121 – 829) 서울시 마포구 상수동 337 – 4 전화 (02) 335 – 5494 ~ 5 팩스 (02) 335 – 5496
홈페이지 www.jisungsa.co.kr ㅣ 지성사.한국
블로그 blog.naver.com / jisungsabook 이메일 jisungsa@hanmail.net
편집주간 김명희 편집팀 김찬 디자인팀 정애경

ⓒ 이덕환 · 김웅서 · 김성호 · 장순근 · 권오길 2012

ISBN 978 - 89 - 7889 - 253 - 7 (03400)

이 도서의 국립중앙도서관 출판시도서목록(CIP)은 e-CIP 홈페이지(http://www.nl.go.kr/ecip)와 국가자료공동목록
시스템(http://www.nl.go.kr/kolisnet)에서 이용하실 수 있습니다. (CIP제어번호:CIP2012002026)